ÜBER DIE METHODEN ZUR BESTIMMUNG DES DISPERSITÄTSGRADES DES FETTES IN DER MILCH

INAUGURAL-DISSERTATION

ZUR

ERLANGUNG DER DOKTORWÜRDE

EINER

HOHEN NATURWISSENSCHAFTLICHEN FAKULTÄT

DER

VEREINIGTEN FRIEDRICHS-UNIVERSITÄT
HALLE-WITTENBERG

VORGELEGT VON

GÜNTHER KOHLHARDT

DIPLOMLANDWIRT AUS HALLE (SAALE)

HALLE (SAALE)
1929

Springer-Verlag Berlin Heidelberg GmbH 1929

ISBN 978-3-662-39143-3   ISBN 978-3-662-40126-2 (eBook)
DOI 10.1007/978-3-662-40126-2

Referent: Professor Dr. Frölich
Korreferent: Professor Dr. Weitz
Tag der mündlichen Prüfung: 24. Juli 1929

Sonderdruck aus „Milchwirtschaftliche Forschungen." 9. Bd., 1./2. H.

DEM ANDENKEN MEINES VATERS
GEWIDMET

Inhalt.

Einleitung (S. 186).
I. Über die Methoden zur Bestimmung des Dispersitätsgrades des Fettes in der Milch (S. 189).
   1. Die Bestimmung der mittleren Teilchengröße nach Gutzeit (S. 189).
   2. Das Verfahren von van Dam und Sirks (S. 194).
   3. Die photographische Methode (S. 201).
   4. Die optische Methode nach Schneck (S. 207).
II. Beispiele für die Fettverteilung auf einzelne Größenklassen und die mittlere Teilchengröße, nebst deren Beeinflussung durch Laktation, Fütterung und Rasse (S. 212).
Zusammenfassung (S. 217).

Man kann die Milch auffassen als eine Emulsion von Fett in Milchplasma.

Die mikroskopisch sichtbaren Fettkügelchen sind alle verschieden groß, ihr Durchmesser schwankt etwa zwischen 1 und 10 μ, die Mehrzahl hat im Mittel einen Durchmesser von 2—5 μ. Bei der in der Milch gewöhnlich vorkommenden Fettkonzentration finden wir dementsprechend eine verhältnismäßig große Zahl von Fettkügelchen pro Volumeneinheit (nach *Rahn* etwa 4 Milliarden in 1 ccm Milch[1]).

Der Grad der Verteilung des Milchfettes spielt, wie weiter unten noch auseinandergesetzt wird, bei der Behandlung milchwirtschaftlicher Fragen theoretischer oder praktischer Art eine Rolle, da sich durch ihn gewisse Eigenschaften der Milch in einem gegebenen Zeitpunkte charakterisieren lassen. Fernerhin ist es möglich, durch die Bestimmung der Änderung des Dispersitätsgrades des Milchfettes (wie natürlich auch anderer disperser Milchbestandteile) den zeitlichen Verlauf von Eigenschaftsänderungen der Milch abzuleiten[2]. Man hat bisher bei Behandlung solcher Fragen von zwei Definitionen des Dispersitätsgrades Gebrauch gemacht. Die erste besteht in der Charakteristik des Zerteilungsgrades durch Angabe der mittleren Teilchengröße, die zweite gibt die prozentuale Verteilung der einzelnen Emulsionsteilchen auf verschiedene Größenklassen an. Welche von den beiden in Anwendung kommt, hängt lediglich von dem Zweck der beabsichtig-

---

[1] *O. Rahn*, Die Verteilung des Fettes in der Milch. Milchwirtsch. Forschgn **2**, 386 (1925).

[2] *A. Schneck*, Dispersoid-chemische Methoden zur Untersuchung der Milch. Milchwirtsch. Forschgn **7**, H. 1 u. 2 (1928).

ten Untersuchung ab. *Gutzeit* hat in seiner bekannten Arbeit[1] das durchschnittliche Volumen (Vd in μ^3) dazu benutzt, um Einfluß der Fütterung, Rasse und Laktation festzustellen, wobei nachgewiesen wird, daß jede Rasse sich durch eine bestimmte mittlere Teilchengröße auszeichnet, wenn man von dem Einfluß zufälliger oder periodischer Faktoren absieht (s. Tab. 1).

Tabelle 1.

Rasse	$Vd\ \mu^3$	Vd Max.	Vd Min.	Mittl. Durchm. d. Kügelchen (μ)
Jersey	25,0	39,0	11,6	3,50
Angler	13,0	24,4	6,9	2,92
Shorthorn	11,0	—	—	2,76
Montavoner	9,4	30,4	4,2	2,62
Holländer	9,0	21,8	4,1	2,58
Breitenburger	7,8	14,8	4,2	2,46

Natürlich ist der in Tab. 1 angeführte Vergleich auch möglich, wenn man nur einen Teil der Laktation in Betracht zieht, nur ist dann bei allen zu vergleichenden Rassen der gleiche Laktationsabschnitt zu wählen, da die Zahl der größeren Fettkügelchen im Laufe einer Laktation immer mehr zugunsten der kleineren abnimmt und somit ein kleineres mittleres Volumen ergibt. So kann z. B. die mittlere Teilchengröße der Milch einer frischmelkenden Breitenburger Kuh größer sein als die der Milch von einer altmelkenden Jerseykuh. Auch die Fütterung hat einen merklichen Einfluß auf die mittlere Teilchengröße und ebenfalls auf die prozentuale Verteilung der Fettkügelchen auf die einzelnen Größenklassen, wie *Gutzeit* bzw. *Weigmann* zeigen konnten. Es wird darauf im Zusammenhang mit unseren eigenen Untersuchungen eingegangen werden (s. S. 212 ff.).

Dem Dispersitätsgrad des Fettes kommt außer der eben erwähnten noch weitere Bedeutung zu, die in den nachfolgenden Ausführungen kurz umrissen werden soll. Überläßt man die Milch bei geeigneten Wärmegraden ruhig sich selbst, so findet in bezug auf das Fett eine Entmischung statt; denn die Fettkügelchen sind noch groß genug, um dem Einfluß der Schwerkraft zu unterliegen und infolge ihres gegenüber dem Milchplasma geringeren spezifischen Gewichtes sich in einer Rahmschicht an der Oberfläche anzusammeln. Wie aus Versuchen von *Rahn* und anderen Forschern hervorgeht, kann das Entstehen einer Rahmschicht, wie sie tatsächlich nach kurzer Zeit beobachtet werden kann, nicht durch das Emporsteigen von isoliert liegenden Fettkügelchen erklärt werden, da selbst die größten Größenklassen entsprechend dem *Stokes*schen Gesetz eine viel zu lange Zeit brauchen würden, um an die Oberfläche zu gelangen (z. B. legt ein Fettkügelchen von 10 μ Durchmesser in 7,3 Stunden einen Weg von 10 cm in Wasser zurück[2]). Zur Erklärung der Rahmbildung kommt also noch ein anderer Faktor in Frage, der nach Beobachtungen von *Rahn* in dem Konglomerationsvermögen der Fettkügelchen liegt. Die Auftriebsgeschwindigkeit solcher Fettkonglomerate ist groß genug, um in verhältnismäßig kurzer Zeit eine Rahmschicht zu bilden. Wenn sich demnach die Rahmbildung auf das Emporsteigen der Konglomerate und nicht auf die einzelnen Fettkügelchen bezieht, so konnte dagegen *Gutzeit* nachweisen,

---

[1] *E. Gutzeit*, Die Schwankungen der mittleren Größe der Fettkügelchen in der Kuhmilch nach Laktation, Fütterung und Rasse sowie über den chemikalischen und physikalischen Unterschied der größten und kleinsten Fettkügelchen. Landw. Jb. **24**, 539—667 (1895) (Sonderabdruck).

[2] *G. Wiegner*, Z. Unters. Nahrgsmitt. usw. **44**, 425 (1914).

daß einem höheren Aufrahmungsgrad ein größeres mittleres Volumen der Fettkügelchen entspricht[1]. Inwieweit allerdings ein besseres Konglomerationsvermögen und damit eine verbesserte Aufrahmfähigkeit sich auf ein größeres mittleres Volumen der Fettkügelchen zurückführen läßt, konnte bisher noch nicht gezeigt werden, da noch eine Reihe von bisher unbekannten anderen Faktoren den Aufrahmungsvorgang beeinflußt. Jedenfalls ergibt sich aus den bisherigen Befunden, daß die mittlere Teilchengröße den Aufrahmungsprozeß modifiziert, was auch durch praktische Erfahrungen bestätigt wird. Es ist bekannt, daß die Milch altmelkender Kühe mit verhältnismäßig kleinen Fettkügelchen beim Aufrahmen eine geringere Fettausbeute ergibt als die Milch derselben Kühe in frischmelkendem Zustand. Ähnliches wird berichtet von *F. d'Hont*[2], wonach in Belgien der Milch von Holländern mit sehr kleinen Fettkügelchen solche von Jerseykühen mit sehr großen zugesetzt wird, um so eine bessere Rahm- und Butterausbeute zu erzielen. Demnach ist aus diesen Ergebnissen die Bedeutung der mittleren Teilchengröße nicht zu verkennen. Obwohl die alten Aufrahmungsverfahren zur Gewinnung von Rahm und Butter in größerem Maße kaum noch ausgeübt werden, spielt das Aufrahmungsvermögen der Milch auch in der heutigen Molkereipraxis eine Rolle. Bei der Behandlung der Milch muß nämlich diese Eigenschaft als Rohmilcheigenschaft erhalten bleiben, da der Konsument, wenn auch irrtümlich, die Höhe der Rahmschicht als Maß für den Fettgehalt ansieht. Die anzuwendenden Maßnahmen müssen daher darauf hinausgehen, eine möglichst hohe Rahmschicht entstehen zu lassen. Die gleichen Faktoren der Milch, welche die Bildung der Rahmschicht unter dem Einfluß der Schwerkraft bedingen, sind natürlich auch wirksam, wenn man die Schwerkraft durch Zentrifugalkraft ersetzt. Demnach bleibt umso mehr Fett unter sonst gleichen Bedingungen in der Magermilch zurück, je größer die Zahl der kleinen Fettkügelchen ist[3]. Die Bedeutung des Dispersitätsgrades für den Butterungsprozeß ist bisher noch nicht eindeutig nachgewiesen. Man kann sich vorstellen, daß der Butterungsprozeß bei Gegenwart von zahlreichen großen Fettkügelchen anders verläuft, als wenn die gleiche Menge Fett vorwiegend in feinerer Verteilung vorhanden ist. Auch bei der Käsebereitung darf man einen Einfluß der mittleren Teilchengröße vermuten. Denn schon die Eigenschaften des Bruches (z. B. Festigkeit, Wassergehalt usw.) müssen von dem Dispersitätsgrad seiner Bestandteile, also unter anderem auch von der mittleren Teilchengröße des Fettes, abhängen. Es bestehen hierüber jedoch noch keine genauen Beobachtungen. Da, wie bereits erwähnt, die Eigenschaften der Milch unter anderem vom Dispersitätsgrad des Fettes abhängen, ist es erforderlich, dessen beabsichtigte oder unbeabsichtigte Änderungen durch mechanische Einwirkungen zu kennen. Durch Homogenisieren wird die ursprüngliche mittlere Teilchengröße mit Hilfe besonderer Vorrichtungen stark herabgedrückt (nach *Rahn* mittlerer Durchmesser etwa $0,2\,\mu$), wodurch die Eigenschaften der Milch als Emulsion grundlegend geändert werden (z. B. Verlust des Aufrahmungsvermögens).

Während bei der eben angeführten Milchbearbeitung eine Änderung des Dispersitätsgrades absichtlich herbeigeführt wird, kann es bei der Behandlung der Milch durch maschinelle Hilfsmittel, wie sie in der heutigen Molkereipraxis in zunehmendem Maße angewandt werden, vorkommen, daß die Zerteilung des Fettes eine nicht erwünschte Änderung erfährt, welche die Weiterverarbeitung erschwert. So konnte z. B. *Rahn* zeigen, daß beim Transport der Milch durch

---

[1] *E. Gutzeit*, Beitrag zur Kenntnis der die Aufrahmung der Milch beeinflussenden Faktoren. Kühnarchiv **11** (1926) Sonderdruck.

[2] *F. d'Hont*, Contribution à l'étude du lait. Courtrai 1890.

[3] *Rahn* und *Sharp*, Physik der Milchwirtschaft S. 71.

Pumpen unter bestimmten Umständen eine Klumpung eintritt, die bei Flaschenmilch zu einem nicht erwünschten Rahmpfropfen führen kann (s. Tab. 2 und 3[1]).

Tabelle 2.

	Klumpungszahl (85°)	Klumpungszahl (20°)
Rohmilch	78	83
Hinter Zentrifuge und Pasteur . . .	590	635
Hinter Pumpe und Rohrleitung . .	843	668

Tabelle 3.
Fettzusammenballung in Rahm mit 25% Fett durch Pumpen bei 38—40°.

Größenklasse	September		Dezember	
μ	vorher	nachher	vorher	nachher
0—2	2,3	1,8	0,4	0,3
2—3	14,4	12,1	2,1	2,6
3—6	66,2	53,5	37,3	33,4
über 6	17,1	32,6	60,2	63,7

Aus den obigen Erörterungen geht also mit aller Deutlichkeit hervor, daß der Dispersitätsgrad des Fettes bei der Behandlung der verschiedenartigsten milchwissenschaftlichen Fragen von Wichtigkeit ist. Da die Bestimmung des Verteilungsgrades des Milchfettes nach verschiedenen Methoden erfolgen kann, so dürfte eine Gegenüberstellung bzw. ein Vergleich derselben von Interesse sein. In den folgenden Ausführungen sollen die bisher gebräuchlichsten Methoden zur Bestimmung des Dispersitätsgrades des Milchfettes einer kritischen Untersuchung unterworfen werden. Ferner wird eine neue Methode zur Bestimmung des Zerteilungsgrades angegeben und deren Brauchbarkeit an Beispielen erläutert.

I. Über die Methoden zur Bestimmung des Dispersitätsgrades des Fettes in der Milch.

1. Die Bestimmung der mittleren Teilchengröße nach Gutzeit.

Die von *Gutzeit* angewandte Methode zur Bestimmung der mittleren Teilchengröße geht auf ein Verfahren zurück, welches *Babcock*[2] 1886 und *Woll*[3] 1889/90 veröffentlichten. Es besteht im Prinzip darin, daß man in einem bekannten Volumen die Anzahl der vorhandenen Fettkügelchen feststellt. Ist dann die Konzentration des Fettes bekannt, so läßt sich die mittlere Teilchengröße berechnen. *Gutzeit* übernahm für seine Untersuchungen im großen und ganzen die *Babcock*sche Zählmethode und verfuhr hierbei wie folgt:

Aus dünnen Glasröhren werden etwa 1 m lange Capillarfäden von etwa 0,1 mm Durchmesser möglichst rund und von gleicher Weite ausgezogen, welche dann in etwa 3 cm lange Stücke gebrochen werden. Von der gut durchgemischten

---

[1] *Rahn*, Die Verteilung des Fettes in der Milch. Milchwirtsch. Forschgn **2**, 400, 401 (1925). Tab. 19 (gekürzt), Tab. 17.

[2] *Babcock*, A study of the fat globules of milk. Fourth Anm. Rep. N. Y. Agr. Exp. St. Geneva **1886**, 226—275.

[3] Zitiert nach *Gutzeit*. Sixth Anm. Rep. of the Agr. Exp. St. of Un. of Wisconsin **1889**, 100. Seventh Anm. Rep. of the Agr. Exp. St. of Un. of Wisconsin **1890**, 238—248.

Milch pipettierte *Gutzeit* dann 10 bzw. 5 ccm in einen größtenteils mit Wasser gefüllten Halbliterkolben, welcher nach gründlicher Ausspülung der Pipette bis zur Marke aufgefüllt wurde. Es entspricht dies dann einer 50 bzw. 100fachen Verdünnung der Milch. In diese Flüssigkeit werden hierauf nach jedesmaliger sorgfältiger Durchmischung derselben nacheinander 3 (2) Capillarröhrchen gehalten, welche sich sogleich füllen. Die beiden Enden der Röhrchen werden über einer schwachen Gasflamme zugeschmolzen und die 3 Capillaren danach mittels Stearin auf einem Objektträger befestigt. Dieser wird dann etwa $1/2$ Stunde auf eine horizontale Platte gelegt, so daß alle Fettkügelchen sich unter der oberen Rundung der Capillare aufreihen (s. Abb. 1).

Zur mikroskopischen Beobachtung wird auf die Capillaren jeweils ein Tropfen Wasser gebracht, der mit einem Deckgläschen bedeckt wird. Nach dem Einstellen

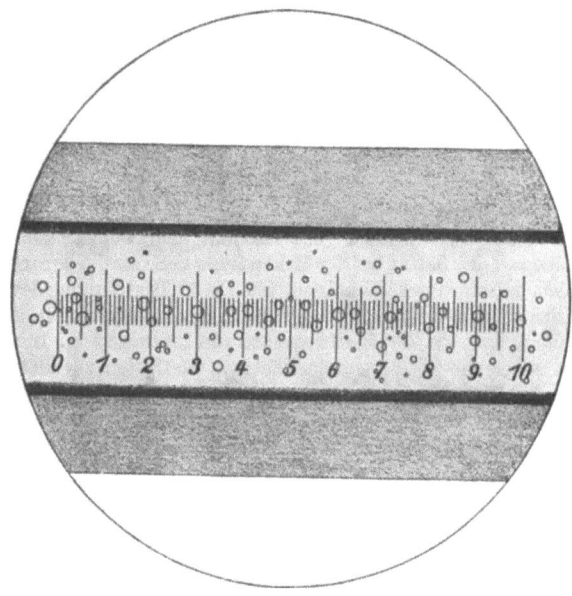

Abb. 1.

des Mikroskopes wird dann die Anzahl der Teilchen festgestellt, die sich in einem bestimmten Röhrchenabschnitt befindet, dessen Länge sich aus einer Mikrometerskala ergibt. Da man außerdem zur Berechnung des Volumens des Röhrchens noch dessen Durchmesser kennen muß, wird dieser ebenfalls mit der um 90° gedrehten Skala gemessen. Unter Verwendung des Objektivs Nr. 8 und Okular Nr. 2 von *Leitz* stellte *Gutzeit* das Mikroskop mittels Tubusauszug so ein, daß der Abstand der einzelnen Teilstriche des Ocularmikrometers 2,5 μ entsprach.

Für die im hiesigen Molkereilaboratorium durchgeführten Versuche wurde nach gründlicher Durchmischung (durch mehrmaliges Umgießen) die Milch hundertfach verdünnt, derart, daß 1 ccm derselben mittels Kugelpipette in ein Kölbchen von 100 ccm Inhalt gebracht wurde, welches nach gründlicher Durchspülung der Pipette bis zur Marke mit destilliertem Wasser aufgefüllt wurde. Die zur Herstellung der Präparate nach den *Gutzeit*schen Angaben ausgezogenen Capillaren wurden nicht zugeschmolzen, sondern an beiden Enden mit Vaseline verschlossen und mit Stearintropfen auf dem Objektträger befestigt. Für jede Milch-

Dispersoid-chemische Methoden zur Untersuchung der Milch. II. 191

probe wurden 3 Röhrchen verwendet, in denen je 3 Zählungen gemacht wurden. Zur Aufbewahrung der Präparate diente ein verstellbarer Objekttisch, welcher mit Hilfe einer Wasserwage horizontal eingestellt wurde. Bei sämtlichen Zählungen wurde ein Mikroskop von Winkel, Göttingen, mit drehbarem Objekttisch benutzt, welches mit Ocularmikrometer 2 und Objektiv Fluorit-System 3 mm Apert. 0,95 durch entsprechenden Tubusauszug so eingestellt wurde, daß wie bei *Gutzeit* der Abstand der einzelnen Mikrometerteilstriche 2,5 μ gleichkam. Als Lichtquelle diente eine *Leitz*sche Speziallampe mit Niedervolt-Glühbirne, 6 Volt, 5 Ampère unter Zwischenschaltung von zwei Widerständen.

Hat man auf diese Weise die Anzahl der Fettkügelchen in bestimmten Volumina unter den hier definierten Bedingungen festgestellt, so läßt sich die Berechnung der mittleren Teilchengröße in vereinfachter Weise bewerkstelligen, wenn man die von *Gutzeit* angeführten Tabellen benutzt (s. Tab. 4 und 5[1]).

Tabelle 4.

Anzahl der Zählungen in jeder Röhre	Grad der Verdünnung	Anzahl der Röhren	F	log F
3	1:50	2	8422	9254
	1:100	2	1684	2263
	1:50	3	5614	7493
	1:100	3	1123	0504

Tabelle 5.

d	$10-2 \log d$	d	$10-2 \log d$	d	$10-2 \log d$	d	$10-2 \log d$	d	$10-2 \log d$
30	0458	40	7959	50	6020	60	4437	70	3098
31	0172	41	7744	51	5849	61	4293	71	2974
32	9897	42	7532	52	5670	62	4157	72	2853
33	9630	43	7332	53	5515	63	4013	73	2734
34	9371	44	7132	54	5352	64	3876	74	2615
35	9112	45	6936	55	5192	65	3742	75	2499
36	8873	46	6746	56	5036	66	3609	76	2384
37	8635	47	6558	57	4884	67	3478	77	2271
38	8404	48	6375	58	4731	68	3349	78	2158
39	8179	49	6196	59	4583	69	3223	79	2048

Tabelle 4 enthält die zu verwendenden, sich auf den Verdünnungsgrad beziehenden Faktoren im Zusammenhang mit der Anzahl der benutzten Röhrchen.

Tabelle 5 dient zur Berechnung des Volumens und enthält den einzusetzenden Faktor für verschiedene Röhrchendurchmesser (d) (angegeben in Mikrometerteilstrichen). Die andere für die Berechnung des Volumens benötigte Größe (Länge des Röhrenabschnittes) ist konstant (100 Teilstriche = 250 μ).

Wie sich eine Berechnung der mittleren Teilchengröße gestaltet, zeigt folgendes Beispiel der (Morgen-) Milch von Kuh 1513 (Jerseykreuzung) vom 27. XI. 1928. Fettgehalt $f = 4{,}65\%$, Verdünnung 1:100.

---

[1] *E. Gutzeit*, l. c. S. 554/555.

3 Zählungen in 3 Röhrchen:

	Kapillarröhrchen		
	Nr. I	Nr. II	Nr. III
Durchmesser (d)	d_1	d_2	d_3
Anzahl der Teilstriche	47	49	50
1. Ablesung, Anzahl ($= a$) . . .	55	62	64
2. Ablesung, Anzahl ($= a$) . . .	62	51	74
3. Ablesung, Anzahl ($= a$) . . .	59	80	65
Summe	176	193	203
	S_1	S_2	S_3

Man addiert die drei Ablesungen eines jeden Röhrchens und logarithmiert die drei erhaltenen Summen (S_1, S_2, S_3). Zu diesen Logarithmen (2455, 2856, 3075) wird der zu den einzelnen Röhrchendurchmessern gehörige Faktor $10 - 2 \log d$ (aus Tab. 5) hinzugezählt (siehe 1).

$$\begin{array}{lll}
\log S_1 = 2455 & \log S_2 = 2856 & \log S_3 = 3075 \\
10 - 2 \log d_1 = \underline{6558} & 10 - 2 \log d_2 = \underline{6196} & 10 - 2 \log d_3 = \underline{6020} \\
9013 & 9052 & 9095
\end{array}$$

Durch Addition der Numeri dieser drei Summen erhält man eine Größe s (siehe 2), aus der sich die Anzahl N der im Einheitsvolumen 0,0001 mm^3 vorhandenen Fettkügelchen berechnen läßt, wenn man zum Logarithmus s den Logarithmus des betreffenden Verdünnungsfaktors F (aus Tab. 4) addiert (3).

$$\begin{array}{ll}
2 & 3 \\
\text{num log } 9013 = 79{,}7 & \log s = 3826 \\
\text{num log } 9052 = 80{,}4 & \log F = \underline{0504} \\
\text{num log } 9095 = \underline{81{,}2} & \log N = 4330 \\
\phantom{\text{num log } 9095 = }s = 241{,}3 & \\
\end{array}$$

N ergibt sich zu 271

Aus der bekannten Anzahl N und der Fettkonzentration f läßt sich dann schließlich unter Berücksichtigung eines Faktors K, der dem spezifischen Gewicht des Fettes Rechnung trägt ($K = \dfrac{1{,}0315}{0{,}94} = 1{,}1$, $\log K = 0{,}0414$), die mittlere Teilchengröße Vd in μ^3 Einheiten berechnen. Zu der dekadischen Ergänzung des Logarithmus N wird der Logarithmus der experimentell bestimmten Fettkonzentration f (4,65%) und der Logarithmus des Korrektionsfaktors K (siehe oben) addiert, wodurch man nunmehr den Logarithmus von Vd erhält. Im angegebenen Beispiel ergibt sich $Vd = 18{,}9\,\mu^3$ (4).

$$\begin{array}{ll}
4 & \\
\text{Dekadische Ergänzung zu } \log N & = 5670 \\
\log f & = 6675 \\
\log K & = \underline{0414} \\
\log Vd & = 2759 \\
\end{array}$$

$$Vd = 18{,}9\,\mu^3$$

Dispersoid-chemische Methoden zur Untersuchung der Milch. II.

Da bei der *Gutzeit*schen Methode die mittlere Fettkügelchengröße aus der Zahl der Kügelchen und dem Fettgehalt f ohne Rücksicht auf ihre Größe lediglich innerhalb eines auszumessenden Volumens (250 $\mu \cdot d$) errechnet wird, so machen einige Kügelchen mehr oder weniger kaum einen Unterschied im Vd aus. Wird dagegen, wie später noch ausführlich zu zeigen sein wird, die mittlere Teilchengröße dadurch bestimmt, daß man den *Durchmesser* einer genügenden Anzahl einzelner Kügelchen bestimmt und deren Mittelwert berechnet, so können bereits einige wenige größere Kügelchen eine erhebliche Abweichung im Zahlenwert des gesuchten Teilchenvolumens hervorrufen. Aus diesem Grunde hat sich die *Gutzeit*sche Methode, wenn es sich um Bestimmung der mittleren Teilchengröße handelt, als die genaueste erwiesen, weshalb dieses Verfahren in den späteren Versuchen auch zu Vergleichs- bzw. zu Eichzwecken herangezogen wurde. Die Genauigkeit, mit der das *Gutzeit*sche Verfahren die mittlere Teilchengröße zu bestimmen gestattet, geht aus folgendem Versuch hervor.

Eine Milchprobe mit einer Fettkonzentration von $f = 3,7\%$ wurde dabei zehnmal hintereinander unabhängig unter den oben angegebenen Versuchsbedingungen untersucht (s. Tab. 6).

Tabelle 6.

Zählung	Anzahl N	$Vd\ \mu^3$	Abweichung vom Mittel		Quadrierte Abweichung vom Mittel	
			μ^3	%	μ^3	%
I	374	10,9	±0,0	±0,0	0,0	0,0
II	364	11,2	+0,3	+2,7	0,09	7,29
III	354	11,5	+0,6	+5,5	0,36	30,25
IV	357	11,4	+0,5	+4,6	0,25	21,16
V	391	10,4	−0,5	−4,6	0,25	21,16
VI	384	10,6	−0,3	−2,7	0,09	7,29
VII	400	10,2	−0,7	−6,4	0,49	40,96
VIII	381	10,7	−0,2	−1,8	0,04	3,24
IX	392	10,4	−0,5	−4,6	0,25	21,16
X	360	11,3	+0,4	+3,7	0,16	13,69
Summe .	—	108,6	±4,0	±36,6	1,98	166,20
Mittel . .	—	10,9	±0,4	±3,7	—	—

Mittlerer[1] Fehler des Einzelwertes (μ^3): $\varepsilon = \pm\ 0,47$; (%) = ± 4,29. Mittlerer Fehler des Mittelwertes (μ^3): $E = \pm\ 0,15$; (%) = ± 1,36.

Wie aus Tab. 6 ersichtlich, läßt sich die mittlere Fettkügelchengröße mit großer Genauigkeit bestimmen. Der mittlere Fehler der Einzelmessung beträgt im angegebenen Beispiel ±0,47 oder in Prozenten ausgedrückt 4,3%. Der mittlere Fehler des Mittelwertes ergibt sich zu ±0,15 bzw. zu ±1,36%. Ein Bild von der Genauigkeit der Messung kann man sich machen, wenn man anstatt des in der dritten Potenz angegebenen Vd die entsprechenden Durchmesser der

---

[1] Der mittlere Fehler des Einzelwertes wurde berechnet nach der Formel: $\varepsilon = \pm \sqrt{\dfrac{S}{n-1}}$. Der mittlere Fehler des Mittelwertes wurde berechnet nach der Formel: $E = \pm \dfrac{\varepsilon}{\sqrt{n}}$, wobei S die Summe der quadrierten Abweichungen vom Mittel und n die Anzahl der Beobachtungen bedeuten.

Tabelle 7.

Zählung	$Vd\ \mu^3$	Mittlerer Durchmesser μ	Abweichung vom Mittel μ	Abweichung vom Mittel %	Quadrierte Abweichung μ	Quadrierte Abweichung %
I	10,9	2,75	±0,0	±0,0	0,0000	0,0
II	11,2	2,78	+0,03	+1,1	0,0009	1,21
III	11,5	2,80	+0,05	+1,8	0,0025	3,24
IV	11,4	2,79	+0,04	+1,5	0,0016	2,25
V	10,4	2,71	−0,04	−1,6	0,0016	2,56
VI	10,6	2,73	−0,02	−0,7	0,0004	0,49
VII	10,2	2,69	−0,06	−2,2	0,0036	4,84
VIII	10,7	2,73	−0,02	−0,7	0,0004	0,49
IX	10,4	2,71	−0,04	−1,5	0,0016	2,25
X	11,3	2,78	+0,03	+1,1	0,0009	1,21
Summe .	108,6	27,47	±0,33	±12,2	0,0135	18,54
Mittel . .	10,9	2,75	±0,03	±1,22	—	—

Mittlerer Fehler des Einzelwertes (μ): $\varepsilon = \pm 0,039$; (%) = $\pm 1,44$. Mittlerer Fehler des Mittelwertes (μ): $E = \pm 0,012$; (%) = $\pm 0,45$.

Fettkügelchen berechnet. Wie aus Tab. 7 zu ersehen, weichen die mittleren Durchmesser der 10 Bestimmungen im Höchstfalle (2,80—2,69 μ) nur um 0,11 μ voneinander ab, also um eine Größe, die gerade an der Grenze des Auflösungsvermögens des Mikroskopes liegt. Im Mittel sind die Abweichungen vom Mittelwert viel kleiner (0,03 μ).

Im Vorstehenden ist die Genauigkeit des *Gutzeit*schen Verfahrens gezeigt worden, wobei von ein und derselben Milchprobe 10 voneinander unabhängige Zählungen gemacht wurden. Bei der praktischen Bestimmung der mittleren Teilchengröße kann man sich jedoch mit einer weit geringeren Zahl von Messungen begnügen. Im folgenden werden Versuche angeführt, bei denen von einer Reihe von Milchproben je eine Parallelbestimmung von Vd vorgenommen wurde.

Die in der letzten Spalte der Tab. 8 angeführten Abweichungen sind direkt miteinander vergleichbar, da sie in Prozenten der erhaltenen Mittelwerte ausgedrückt sind. Ein Vergleich dieser Abweichungen mit den entsprechenden Daten aus Tab. 6 läßt eine weitgehende Übereinstimmung erkennen. Die prozentualen Abweichungen sind in den meisten Fällen geringer als die entsprechenden Werte der Tab. 6. Die drei vorkommenden größeren Schwankungen treten ausschließlich bei Milch mit verhältnismäßig hohem Vd auf und weisen darauf hin, daß in diesen Fällen eine größere Anzahl von Versuchen angebracht ist. Im Mittel betragen die Abweichungen gegenüber dem Mittelwert ±4,0%, sind also etwa ebenso groß wie der analoge Wert aus Tab. 6 (3,7%).

Demnach erscheint es bei nicht zu großem Vd vollkommen hinreichend, die mittlere Teilchengröße durch Ausführung einer Doppelbestimmung festzustellen, in manchen Fällen wird auch bereits ein mit der nötigen Sorgfalt ausgeführter Versuch zur Bestimmung von Vd genügen.

2. *Das Verfahren von van Dam und Sirks.*

Wurde in der *Gutzeit*schen Methode der Dispersitätsgrad des Fettes durch eine einzige Zahl, die mittlere Teilchengröße (Vd), charakterisiert, indem man in einem bekannten Volumen bei gegebener Konzentration die Zahl der Kügelchen feststellt, so hat das nun zu behandelnde Verfahren, das auf *van Dam* und *Sirks*

Tabelle 8.

Kuh Nr.	Datum	$Vd\ \mu^3$	Mittel μ^3	Abweichung vom Mittel μ^3	%
Mischmilch	21. VI.	11,3	11,5	−0,2	−1,7
		11,6		+0,1	+0,9
1510	26. VI.	10,0	10,2	−0,2	−2,0
		10,3		+0,1	+1,0
1521	26. VI.	11,9	11,9	±0,0	±0,0
		11,9		±0,0	±0,0
1524	26. VI.	11,6	11,8	−0,2	−1,7
		12,0		+0,2	+1,7
Abendmilch	27. VI.	7,4	7,0	+0,4	+5,7
		6,5		−0,5	−7,1
Morgenmilch	28. VI.	6,4	6,6	−0,2	−3,1
		6,7		+0,1	+1,5
1513	3. VII.	7,1	6,8	+0,3	+4,4
		6,5		−0,3	−4,4
73806	5. VII.	7,6	7,8	−0,2	−2,5
		8,0		+0,2	+2,5
3050	5. VII.	18,1	18,2	−0,1	−0,5
		18,3		+0,1	+0,6
Shorthorn	5. VII.	18,4	16,8	+1,6	+9,6
		15,2		−1,6	−9,5
3050	9. VII.	17,7	18,2	−0,5	−2,7
		18,7		+0,5	+2,7
1424	9. VII.	18,5	17,6	+0,9	+5,1
		16,6		−1,0	−5,7
Shorthorn	10. VII.	18,9	16,7	+2,2	+13,1
		14,5		−2,2	−13,2
1519	10. VII.	15,7	15,5	+0,2	+1,3
		15,2		−0,3	−1,9
1519	17. VII.	14,0	15,5	−1,5	−9,7
		16,9		+1,4	+9,0
1424	17. VII.	24,4	23,5	+0,9	+3,8
		22,6		−0,9	−3,8
1524	2. X.	8,3	8,5	−0,2	−2,4
		8,7		+0,2	+2,3
					±137,1 : 34 = ±4,0%

zurückgeht und von *Rahn* in vereinfachter und verbesserter Form angewandt wurde, die in der Einleitung erwähnte zweite Definition des Dispersitätsgrades, nämlich die Verteilung der Fettkügelchen auf einzelne Größenklassen zur Grundlage. Aus dieser Fettverteilung läßt sich natürlich auch die mittlere Teilchengröße Vd berechnen, wie bereits *Weigmann* in einer neuerdings erschienenen Arbeit gezeigt hat[1]. Im nächsten Abschnitt soll untersucht werden, mit welcher Genauigkeit Vd sich nach dieser Methode bestimmen läßt; außerdem soll sie mit dem *Gutzeit*schen Verfahren verglichen werden.

---

[1] H. H. Weigmann jun., Über den Dispersionsgrad des Fettes in der Milch. Milchwirtsch. Forschgn **4** (1927).

van Dam und *Sirks*[1] beschreiben ihr Verfahren wie folgt:

Für die direkte Messung der Fettkügelchen wurde eine starke Vergrößerung gebraucht, die Wasserimmersion 10 von *Leitz* und Okular 3 mit Mikrometer. Der Abstand von je 2 Strichen im Mikrometer wurde zu 1,52 μ festgestellt. Zehntel von diesem Abstand können bei Bedarf geschätzt werden. Die Milch wird mit der 100fachen Menge $1^1/_2$proz. Gelatine verdünnt, um die *Brown*sche Bewegung aufzuheben. Die Gelatine enthält noch 1% Phenol. Die Milch-Gelatinemischung kommt in eine Glaskammer von +0,2 mm Dicke und wird mit Vaseline eingeschlossen. Wenn das Präparat einige Zeit im Wärmeschrank bei 30—40° steht, sind alle Fettkügelchen nach dem Deckglas gestiegen. Durch langsames Verschieben des Präparates mit den Mikroschrauben des Objekttisches wird eine größere Anzahl von Kügelchen gemessen, die sich nacheinander im Gesichtsfeld zeigen, wobei, um jede unwillkürliche Bevorzugung von kleinen gegenüber großen Kügelchen auszuschließen, systematisch alle Kügelchen gemessen werden, welche mit der Skalaeinteilung in Berührung kommen. Die Kügelchen werden nach ihrer Größe in Gruppen geteilt. Dann wird bestimmt, wieviel Kügelchen zu jeder Gruppe gehören und ihre Häufigkeit in Prozenten berechnet.

Rahn änderte das Verfahren insofern ab, als statt des bei *van Dam* und *Sirks* zugrundegelegten Maßstabes von einem Mikrometerteilstrich = 1,52 μ ein solcher von etwa 2 μ (42 Teilstriche = 80 μ) verwendet wurde. Außerdem benutzte *Rahn* keine Zählkammer, sondern einfache Objektträger, auf welche ein Tropfen der je nach dem Fettgehalt mehr oder weniger stark verdünnten Milch gebracht und mit einem Deckglas zugedeckt wurde.

Zu einer Zählung verwendeten *Rahn* und *Weigmann* im Gegensatz zu *van Dam* und *Sirks*, welche nur ein Präparat herstellten, deren drei, die aus ebensoviel besonderen Verdünnungen stammten.

Für unsere Untersuchungen übernahmen wir das *van Dam* und *Sirks*sche Verfahren, teilweise in der *Rahn*schen Abänderung. Es entsprach, um eine genauere Messung der einzelnen Fettkügelchen zu ermöglichen, ein Teilstrich des Okularmikrometers 1 μ. Hierzu wurde das schon für die *Gutzeit*sche Methode beschriebene Mikroskop nebst Niedervoltlampe unter Verwendung von Okular 6 von Winkel, Göttingen, und Objektiv Apochromat 2 mm, homogene Immersion Apert. 1,35 benutzt. Gezählt wurden in einem Präparat entsprechend den von *van Dam* und *Sirks* gemachten Erfahrungen mindestens 600, meist sogar mehr Fettkügelchen, aus deren Durchmesser sich Vd leicht errechnen läßt, indem man das mit Hilfe von Tab. 9 ermittelte Gesamtvolumen durch die Zahl der Kügelchen teilt, wie das in Tab. 10 angeführte Beispiel zeigt.

Die Milch wurde bei diesen Versuchen derart verdünnt, daß mehrere Kubikzentimeter Milch (meist 6—8) mittels einer 1 ccm-Pipette mit etwa 50 ccm 1,5 proz. Gelatinelösung verdünnt wurden, wobei vor Entnahme eines jeden Kubikzentimeters Milch eine gründliche Durchmischung erfolgte, um alle Größenklassen der Fettkügelchen möglichst gut verteilt zu erhalten. Ein Tropfen der Milchgelatinelösung wurde auf einen Objektträger gebracht und mit einem Deckglas bedeckt, hierauf mit Vaseline abgeschlossen und das Präparat, nachdem es mindestens 2 Stunden zwecks Aufrahmung auf einem horizontalen Objekttisch gelegen hatte, untersucht. Da bei der Messung von der in der Milch enthaltenen sehr großen Anzahl von Fettemulsionsteilchen in dem Präparat nur ein geringer Prozentsatz ausgezählt und zur Berechnung herangezogen wird, ist, wie ja auch *Rahn* besonders hervorhebt, zur Erzielung eines einigermaßen genauen Resultates die gründliche

---

[1] *van Dam* und *Sirks*, Verslagen van Landbouwkundige Onderzoekingen der Rijkslandbouwproefstations **26**, 126 (1922). Zit. nach *Rahn*, Milchwirtsch. Forschgn **2**, 383 (1925).

Tabelle 9.

Größenklasse μ	Mittlerer Durchmesser $2r$	Volumen eines Fettkügelchens	
		$4/3\, r^3\pi$	$\log 4/3\, r^3\pi$
0—1	0,5	0,065	0,8159—2
1—2	1,5	1,77	0,2473
2—3	2,5	8,18	0,9128
3—4	3,5	22,45	1,3512
4—5	4,5	47,71	1,6786
5—6	5,5	87,12	1,9401
6—7	6,5	143,78	2,1577
7—8	7,5	220,9	2,3442
8—9	8,5	321,6	2,5073
9—10	9,5	448,97	2,6522

Tabelle 10. Kuh Nr. 1510. 25. VII. 1928.

Größenklasse μ	Mittlerer Durchmesser $2r$	Anzahl der Fettkügelchen	Volumen aller Fettkügelchen $4/3\, r^3\pi \cdot N$
0—1	0,5	205	13,4
1—2	1,5	202	357,0
2—3	2,5	139	1137,1
3—4	3,5	103	2312,0
4—5	4,5	55	2624,2
5—6	5,5	19	1655,4
6—7	6,5	5	718,9
7—8	7,5	3	662,7
Summe.	—	731	9480,7

$$Vd = \frac{9480,7}{731} = 13,0\, \mu^3.$$

Durchmischung der Probe sehr wesentlich. Bei der vorliegenden Methode fällt dieses Moment, wie bereits angedeutet, in weit höherem Maße ins Gewicht, als bei dem Verfahren nach *Gutzeit*, da nur wenige Fettkügelchen, wenn sie einer oberen Größenklasse angehören, das mittlere Teilchenvolumen weitgehend beeinflussen können, wovon man sich durch eine einfache Rechnung leicht überzeugen kann (s. Tab. 11, S. 198).

Angenommen, wir hätten von Größenklasse 6—7 zehn Kügelchen und außerdem noch drei von 7—8 μ Durchmesser gefunden, so erhielten wir als Gesamtvolumen 8619,1, wodurch sich bei Division durch die nun auf 831 gestiegene Anzahl der Fettkügelchen eine mittlere Fettkügelchengröße von 10,4 μ^3 ergibt.

Vd ist also durch Hinzutreten von nur 6 großen Fettkügelchen um 1,3 μ^3 gestiegen.

Sämtliche Untersuchungen dieses Abschnittes wurden mit Morgenmilchproben vorgenommen, damit die Präparate noch am gleichen Tage ausgezählt werden konnten, da bei Präparaten vom vorhergehenden Tage fast immer ein teilweises Ineinanderlaufen oder wenigstens eine Änderung der kugeligen Gestalt der Fettkügelchen beobachtet wurde. Auch im letzteren Falle kann eine mehr oder weniger große Verschiebung innerhalb der Größenklassen eintreten, trotzdem eine erhebliche Veränderung des Durchmessers kaum in Frage kommt. Um nun die Genauig

Tabelle 11. *Kuh 1510. 26. VI. 1928.*

Größen-klasse μ	Mittlerer Durchmesser $2r$	Anzahl der Fettkügelchen	Volumen eines Fettkügelchens $4/3\, r^3 \pi$	Volumen aller Fettkügelchen $4/3\, r^3 \pi \cdot N$
0—1	0,5	235	0,065	15,4
1—2	1,5	262	1,77	463,0
2—3	2,5	190	8,18	1554,4
3—4	3,5	87	22,45	1953,0
4—5	4,5	33	47,71	1574,4
5—6	5,5	11	87,12	958,3
6—7	6,5	7	143,78	1006,5
7—8	7,5	—	220,9	—
Summe ..	—	825	—	7525,0

$$Vd = \frac{7525,0}{825} = 9{,}1\,\mu^3.$$

keit zu zeigen, mit welcher nach dem *van Dam* und *Sirks*schen Verfahren (in unserer Abänderung) die mittlere Teilchengröße bestimmt werden kann, wurden wie bei der *Gutzeit*schen Methode 10 Präparate hintereinander untersucht, welche aus ebensoviel voneinander unabhängigen Verdünnungen einer Milchprobe in der oben angegebenen Weise hergestellt wurden (s. Tab. 12 und 13).

Tabelle 12.

Zählung	$Vd\ \mu^3$	Abweichung vom Mittel		Quadrierte Abweichung vom Mittel	
		μ^3	%	μ^3	%
I	6,8	—0,3	—4,2	0,09	17,64
II	7,15	+0,05	+0,7	0,00	0,49
III	6,7	—0,4	—5,6	0,16	31,36
IV	7,0	—0,1	—1,4	0,01	1,96
V	6,6	—0,5	—7,0	0,25	49,0
VI	7,0	—0,1	—1,4	0,01	1,96
VII	8,0	+0,9	+12,7	0,81	161,29
VIII	6,8	—0,3	—4,2	0,09	17,64
IX	7,7	+0,6	+8,4	0,36	70,56
X	7,4	+0,3	+4,2	0,09	17,64
Summe..	71,15	±3,55	±49,8	1,87	369,54
Mittel ..	7,1	±0,36	±5,0	—	—

Mittlerer Fehler des Einzelwertes $(\mu^3)\ \varepsilon = \pm 0{,}46;\ (\%) = \pm 6{,}4.$ Mittlerer Fehler des Mittelwertes $(\mu^3)\ E = \pm 0{,}14;\ (\%) = \pm 2{,}03.$

Wie Tab. 12 zeigt, läßt auch diese Methode noch eine recht große Genauigkeit erkennen. Der mittlere Fehler des Einzelwertes beträgt nur ±0,46 bzw. ±6,4% und derjenige des Mittelwertes ±0,14 oder ±2,03%. Die extremen Werte von Vd zeigen Abweichungen vom Mittel von +8,4% und —7,0%. Im Mittel betragen die Abweichungen ±5,0%. Um die Genauigkeit des Verfahrens, da doch Vd in der dritten Potenz angegeben, besonders deutlich zu machen, wurden auch hier die Durchmesser der einzelnen Vd errechnet (s. Tab. 13). Wir erhalten in den beiden äußersten Fällen (2,33 μ und 2,48 μ) eine Abweichung von

Tabelle 13.

Zählung	$Vd\ \mu^3$	Mittlerer Durchmesser μ	Abweichung vom Mittel		Quadrierte Abweichung vom Mittel	
			μ	%	μ	%
I	6,8	2,35	−0,03	−1,3	0,0009	1,69
II	7,15	2,39	+0,01	+0,4	0,0001	0,16
III	6,7	2,34	−0,04	−1,7	0,0016	2,89
IV	7,0	2,37	−0,01	−0,4	0,0001	0,16
V	6,6	2,33	−0,05	−2,1	0,0025	4,41
VI	7,0	2,37	−0,01	−0,4	0,0001	0,16
VII	8,0	2,48	+0,10	+4,2	0,0100	17,64
VIII	6,8	2,35	−0,03	−1,3	0,0009	1,69
IX	7,7	2,45	+0,07	+3,0	0,0049	9,00
X	7,4	2,42	+0,04	+1,7	0,0016	2,89
Summe .	71,15	23,85	±0,39	±16,5	0,0227	40,69
Mittel . .	7,1	2,38	—	—	—	—

Mittlerer Fehler des Einzelwertes (μ): $\varepsilon = \pm 0,05$; (%) $= \pm 2,13$. Mittlerer Fehler des Mittelwertes (μ): $E = \pm 0,016$; (%) $= \pm 0,67$.

0,15 μ, eine Größe, welche nahe an die Grenze des Auflösungsvermögens eines Mikroskopes herankommt. Vergleicht man die *van Dam* und *Sirks*sche Methode nun mit der von *Gutzeit*, so ist eine geringere Genauigkeit deutlich zu erkennen.

Mittlerer Fehler des Einzelwertes:
nach *Gutzeit* . . . . ±4,3%
nach *van Dam* und *Sirks* . . . . . ±6,4%
Mittlerer Fehler des Mittelwertes:
nach *Gutzeit* . . . . ±1,5%
nach *van Dam* und *Sirks* . . . . . ±2,0%
Mittlere Abweichung vom Mittel in % von *Vd*:
nach *Gutzeit* . . . . ±3,7%
nach *van Dam* und *Sirks* . . . . . ±5,0%

Der Unterschied ist jedoch nicht so groß, als daß die Ermittlung der mittleren Teilchengröße nach *van Dam* und *Sirks* keine brauchbaren Ergebnisse geben könnte und für diesen Zweck nur wenig geeignet wäre.

Wie bei dem vorhergehenden Verfahren wurden auch hier eine Anzahl von Parallelbestimmungen verschiedener Milchproben gemacht. Aus der Tabelle 14 ist ersichtlich, daß die gemachten Parallelbestimmungen in den äußersten Fällen eine prozentuale Abweichung in Höhe von +15,1 und −13,6%, im Durchschnitt eine solche von ±5,3% zeigen. Vergleicht man diese Werte mit denen von Tabelle 12 (+8,4% und −7,0%), so scheinen die Parallelbestimmungen bezüglich der Grenzwerte ein viel zu ungenaues Resultat zu ergeben, wogegen der Mittelwert etwa dem der Genauigkeitsbestimmung entspricht (±5,3%, in Tab. 12 ±5,0%). Diese große Differenz ist, wie auch aus Tab. 14 ersichtlich, nicht auf die Parallelbestimmung (im Gegensatz zu zahlreicheren Bestimmungen), sondern auf einen Fehler bei Herstellung des Präparates (z. B. mangelhafte Durchmischung) zurückzuführen, was ganz besonders deutlich beweist, von welcher Bedeutung für ein befriedigendes Ergebnis hier die gründliche Durchmischung der Probe ist. Die beiden folgenden Werte nach jeder Seite von ±9,6% und ±8,2% treten bei ziemlich hohem *Vd* auf und lassen, wie schon bei *Gutzeit*, wiederum erkennen, daß hier

Tabelle 14.

Kuh Nummer	Datum	$Vd\ \mu^3$	Mittel μ^3	Abweichung vom Mittel μ^3	%
Mischmilch	21. VI.	3,7	4,4	−0,7	−15,1
		5,0		+0,6	+13,6
Abendmilch	27. VI.	7,1	7,0	+0,1	+1,4
		6,9		−0,1	−1,4
Morgenmilch	28. VI.	6,6	6,2	+0,4	+6,4
		5,8		−0,4	−6,4
1	2. VII.	2,7	2,8	−0,1	−3,6
		2,8		+0,0	+0,0
73806	5. VII.	7,2	7,3	−0,1	−1,4
		7,4		+0,1	+1,4
3050	9. VII.	17,0	18,8	−1,6	−9,6
		20,6		+1,8	+9,6
1424	9. VII.	17,8	18,8	−1,0	−5,3
		19,9		+1,1	+5,8
Shorthorn	10. VII.	20,2	19,3	+0,9	+4,7
		18,3		−1,0	−5,2
1519	10. VII.	14,5	15,5	−1,0	−6,4
		16,4		+0,9	+5,8
1519	17. VII.	18,4	17,0	+1,4	+8,2
		15,6		−1,4	−8,2
1424	17. VII.	46,2	43,9	+2,3	+5,2
		41,5		−2,4	−5,5
44025	12. II.	7,1	6,7	+0,4	+6,0
		6,2		−0,5	−7,5
46761	12. II.	4,0	4,2	−0,2	−4,7
		4,4		+0,2	+4,8
71712	28. II.	7,6	7,5	+0,1	+1,3
		7,3		−0,2	−2,7
51	28. II.	5,9	6,0	−0,1	−1,6
		6,1		+0,1	+1,7
72673	4. III.	4,8	4,6	−0,2	+4,3
		4,3		−0,3	−6,5
73806	4. III.	3,6	3,8	−0,2	−5,2
		3,9		+0,1	+2,6
					±179,1:34 = ±5,3%

im Gegensatz zu den niedrigeren Vd mehr als zwei Messungen angebracht sind. Ferner wurden bei einer Reihe von Proben Vergleichsbestimmungen nach *Gutzeit* gemacht, deren Ergebnisse in Tab. 15 zusammengestellt sind. Im Gegensatz zu den noch verhältnismäßig niedrigen Abweichungen, welche wir bei den Genauigkeits- und Parallelbestimmungen fanden, sind dieselben gegenüber dem *Gutzeit*schen Verfahren bedeutend. Die Grenzwerte erreichen eine Höhe von +37,5 und −28,5%, wogegen das Mittel 12,2% beträgt. Wenn auch die Zahl der Abweichungen nach der Plus- und Minusseite gleich ist, so ist deren Höhe doch in positiver Richtung erheblich größer als in negativer. Dies weist auf den bereits erwähnten Einfluß der großen Fettkügelchen bei diesem Verfahren hin,

Tabelle 15.

Kuh Nummer	Datum	$Vd\ \mu^3$	Vd Gutzeit μ^3	Abweichung gegenüber *Gutzeit* μ^3	%
1521	12. VI.	9,4	9,5	−0,1	− 1,0
73808	15. VI.	5,0	7,0	−2,0	−28,5
1	15. VI.	6,0	6,5	−0,5	−7,7
1521	26. VI.	12,9	11,9	+1,0	+8,3
1510	26. VI.	9,1	10,1	−1,0	−10,0
1524	26. VI.	13,7	11,8	+1,9	+16,1
Abendmilch	27. VI.	7,0	6,9	+0,1	+1,5
Morgenmilch	28. VI.	6,2	6,6	−0,4	−6,1
64	2. VII.	6,6	7,3	−0,7	−9,6
73806	5. VII.	7,3	7,8	−0,5	−6,4
3050	9. VII.	18,8	18,2	+0,6	+3,3
1424	9. VII.	18,9	17,6	+1,3	+7,4
Shorthorn	10. VII.	19,3	16,7	+2,6	+15,6
1519	10. VII.	15,5	15,4	+0,1	+0,7
1519	17. VII.	17,0	15,5	+1,5	+9,6
1510	25. VII.	13,0	10,3	+2,7	+26,2
1513	25. VII.	7,0	6,9	+0,1	+1,4
1521	25. VII.	12,1	10,8	+1,3	+12,0
1424	25. VII.	25,4	19,5	+5,9	+30,2
1524	25. VII.	12,1	8,8	+3,3	+37,5
1510	31. VII.	11,1	10,9	+0,2	+1,8
1521	31. VII.	11,8	15,4	−3,6	−23,3
1524	31. VII.	13,4	13,7	−0,3	−2,2
1424	31. VII.	19,5	15,4	+4,1	+26,6
44025	12. II.	6,7	7,0	−0,3	−4,3
46761	12. II.	4,2	5,3	−1,1	−20,8
71712	28. II.	7,5	7,1	+0,4	+5,6
51	28. II.	6,0	7,9	−1,9	−24,0
72673	4. III.	4,6	4,7	−0,1	−2,0
73806	4. III.	3,8	4,6	−0,8	−17,4
					±367,1 : 30 = ±12,2%

welcher zugleich der Hauptgrund für die beträchtliche Abweichung gegenüber dem *Gutzeit*schen Verfahren ist. Daraus folgt, daß die *van Dam* und *Sirks*sche Methode, wenn es sich vornehmlich um die Ermittlung von Vd handelt, weniger gut geeignet ist. Ihr Hauptwert besteht darin, daß sie tiefere Einblicke in die Art der Fettverteilung zu gewähren imstande ist.

3. Die photographische Methode.

Wie bei der *van Dam* und *Sirks*schen Methode wird bei dem im nachfolgenden beschriebenen Verfahren die Verteilung der Fettkügelchen auf die einzelnen Größenklassen festgestellt, jedoch tritt ein wesentlicher neuer Punkt, die Mikrophotographie hinzu, weshalb wir diese Art der Ermittlung der mittleren Fettkügelchengröße als „photographische Methode" bezeichnen wollen. Zur Ausarbeitung dieses Verfahrens veranlaßten vor allem folgende Gründe:

1. Die Möglichkeit einer bildlich demonstrativen Darstellung des Dispersitätsgrades des Fettes in der Milch.
2. Die Möglichkeit eines genaueren Messens der Fettkügelchen und die Nachkontrollierbarkeit der Messungen nebst deren Unabhängigkeit von bestimmten Zeitpunkten. Nach erfolgter Aufnahme ist es dann in das Belieben des Untersuchenden gestellt, wann er die einzelnen Kügelchen messen will.

Das Verfahren wurde von uns wie folgt gehandhabt: Die Untersuchungen wurden, wie auch bei den beiden vorhergehenden Methoden mit einem Mikroskop von Winkel, Göttingen, gemacht, welches mit einem drehbaren Objekttisch und Beleuchtungsapparat versehen war. Die Lichtquelle bestand aus einer 6 Nieder-Volt-Mikroskopierlampe von *Leitz*, Wetzlar, mit zwei Vorschaltwiderständen. Als Objektiv wurde das Fluoritsystem 3 mm Apert. 0,95 verwendet. Zur photographischen Aufnahme der Fettkügelchen diente eine Mikrokamera von *Leitz* („Makam") mit Okular 8 x, welche die Bilder in derselben Vergrößerung wie das Mikroskop wiedergab (1:1). Zur Herstellung der Präparate kamen wie bei *Rahn* einfache Objektträger zur Verwendung. Auf diese wurde je ein kleiner Tropfen der nach dem Fettgehalt mehr oder weniger stark verdünnten Milchprobe gebracht, hierauf mit einem Deckglas bedeckt und dasselbe mit Vaseline ringsum abgeschlossen, worauf das Präparat wie bei den *van Dam* und *Sirks*schen Untersuchungen mindestens 2 Stunden auf einen horizontal gestellten Objekttisch zum Aufsteigen der Fettkügelchen gebracht wurde. Die Verdünnung der Milchprobe wurde folgendermaßen vorgenommen:

In einem etwa zur Hälfte mit destilliertem Wasser gefüllten kleinen 100-ccm-Kolben wurden nach jeweiligem Umschütten der Probe mittels einer 1-ccm-Pipette je nach Fettgehalt hintereinander 6—8 ccm Milch gebracht, so daß eine etwa 7—10fache Verdünnung erreicht wurde. Stärkere Verdünnungen (wie 1:50 oder 1:100) ergaben, da die Schichtdicke der Präparate verhältnismäßig dünn gemacht wurde, eine zu geringe Anzahl Fettkügelchen in einem Gesichtsfeld. Von der von *van Dam* und *Sirks* verwendeten $1^1/_2$proz. Gelatinelösung wurde abgesehen, da sie eine Lichtschwächung hervorrief und infolgedessen eine zu lange Belichtungszeit erforderte. Bei der von uns benutzten kurzen Belichtung von $^1/_{25}$ bzw. $^1/_{10}$ Sekunde tritt ein störender Einfluß der Brownschen Bewegung auf die Bildschärfe praktisch zurück. Für die Aufnahmen wurden im Anfang Ortho-Isoduxplatten verwendet. Da sich aber von der (zur Vermeidung von Lichthöfen) vorhandenen braunen Manganzwischenschicht gelegentlich nach der Entwicklung noch Reste zeigten, welche meist erst nach Trocknen der Platten richtig sichtbar wurden, so kamen Hauff-Ultra-Rapidplatten zur Anwendung. Diese besaßen keine Zwischenschicht, ergaben jedoch ebenfalls brauchbare Bilder. Auf den Kopien wurden die Durchmesser der Kügelchen mittels eines besonders hergestellten Maßstabes gemessen. Hierfür wurde das zur Eichung dienende Objektmikrometer (ein Teilstrich = 10 μ) in derselben Vergrößerung, welche für die Präparate zur Anwendung kam, photographiert. Nach dieser Photographie wurde ein Maßstab derart hergestellt, daß ein Teilstrich in 10 Teile (= 1 μ), in 5 Teile (= 2 μ) oder 2 Teilstriche in 5 Teile (= 4 μ) und 3 Teilstriche in 10 Teile (= 3 μ) geteilt wurde (s. Abb. 2). Diese Einteilung befand sich auf Pauspapier, so daß die Fettkügelchen deutlich sichtbar waren. Jedoch war ein besseres und deutlicheres Messen möglich, wenn die bis zum Rand gehende Einteilung des Maßstabes in der Mitte der Fettkügelchen angelegt wurde, da besonders die kleinen Fettkügelchen durch das Pauspapier weniger gut zu erkennen waren. Bei der verschiedenen Größe der Fettkügelchen konnte nun die photographische Aufnahme nicht alle gleichscharf erfassen. Es wurde deshalb diejenige Einstellung gewählt, welche die Mehrzahl der Kügelchen klar und scharf genug erscheinen ließ. Infolgedessen

Dispersoid-chemische Methoden zur Untersuchung der Milch. II. 203

war bei einem Teil derselben ein mehr oder weniger großer Schattenrand sichtbar. Da hierdurch eine wenn auch nicht sehr erhebliche Vergrößerung der einzelnen Kügelchendurchmesser stattfindet, wurde nur der eine Schattenrand mitgemessen, was dann annähernd dem wirklichen Durchmesser entspricht. Die zum Vergleich angestellten Untersuchungen nach *Gutzeit* bestätigten die Richtigkeit der Annahme insofern, als bei den ersten Aufnahmen, bei denen beide Schattenränder gemessen wurden, die errechnete mittlere Fettkügelchengröße ganz erheblich (meist über 25%) größer war als nach *Gutzeit*. Von jedem Präparat wurde an zwei Stellen je eine Aufnahme gemacht, um mindestens etwa 600 Fettkügelchen zählen zu können (s. Abb. 14—16, S. 229/230). Schienen zwei Platten nicht genügend Kügelchen zu enthalten, so wurde ein drittes Gesichtsfeld photographiert. Zu allen Präparaten wurde frische Morgenmilch verwendet, wovon die Aufnahmen, um jede Veränderung der Kügelchen zu vermeiden, noch am gleichen Nachmittag gemacht wurden. Jedes gemessene Kügelchen eines Bildes wurde, um Fehler durch doppeltes Zählen zu vermeiden, durchgestrichen. In der Möglichkeit, jedes gezählte Kügelchen markieren zu können, besteht ein Vorzug gegenüber der *van Dam* und *Sirks*schen Methode, bei welcher, besonders bei größerer Teilchenzahl im Gesichtsfeld, öfter einige zu viel oder zu wenig gemessen werden können. Die mittlere Fettkügelchen-

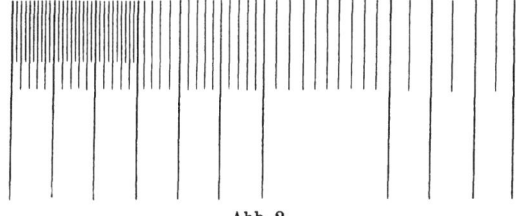

Abb. 2.

größe (*Vd*) wurde in gleicher Weise wie bei dem *van Dam* und *Sirks*schen Verfahren aus dem Gesamtvolumen der gezählten Kügelchen errechnet (s. S. 197, Tab. 9 und 10).

Nachdem nun die Einzelheiten der Methode beschrieben sind, soll untersucht werden, welche Ergebnisse mit derselben zu erzielen sind.

Um die Genauigkeit des Verfahrens klarzulegen, wurden, ebenso wie bei den beiden vorher beschriebenen Methoden, aus zehn in der oben erwähnten Weise hergestellten Verdünnungen einer Milchprobe 10 Präparate angefertigt, von welchen je zwei bzw. drei Aufnahmen gemacht wurden, deren Auswertung wir in Tab. 16 und 17, S. 204 sehen.

Der mittlere Fehler beträgt hier für den Einzelwert ±0,37, prozentual ausgedrückt ±5,3%, für den Mittelwert ±0,12 bzw. ±1,66%. Die Abweichungen vom Mittel weisen bei den einzelnen Untersuchungen Grenzwerte von +11,3% und —7,0% (in Prozenten des Mittels berechnet) auf, im Mittel betragen die Abweichungen ±4,0% (s. Tab. 16). Betrachten wir in Tab. 17 die mittleren Durchmesser, so finden wir bei den beiden äußersten Werten (2,33 und 2,47 μ) mit der Differenz von 0,14 μ eine Größe, welche dem Auflösungsvermögen des Mikroskopes nahekommt, wogegen die mittlere Abweichung vom Mittel mit ±0,03 μ unter dem mikroskopischen Auflösungsvermögen liegt. Mithin weist auch die photographische Methode eine recht große Genauigkeit in der Bestimmung der mittleren Teilchengröße auf.

Dies tritt noch besonders hervor bei einem Vergleich der eben gezeigten Ergebnisse mit den entsprechenden der bereits besprochenen Methoden (s. Tab. 6, 7 und 12, 13).

Tabelle 16.

Zählung	$Vd\ \mu^3$	Abweichung vom Mittel		Quadrierte Abweichung vom Mittel	
		μ^3	%	μ^3	%
I	6,8	−0,3	−4,2	0,09	17,64
II	6,8	−0,3	−4,2	0,09	17,64
III	6,6	−0,5	−7,0	0,25	49,00
IV	7,4	+0,3	+4,2	0,09	17,64
V	7,2	+0,1	+1,4	0,01	1,96
VI	7,1	±0,0	±0,0	0,00	0,00
VII	7,9	+0,8	+11,3	0,64	127,69
VIII	6,9	−0,2	−2,8	0,04	7,84
IX	6,9	−0,2	−2,8	0,04	7,84
X	7,0	−0,1	−1,4	0,01	1,96
Summe ..	70,6	±2,8	±39,3	1,26	249,21
Mittel ...	7,1		±3,9%	—	—

Mittlerer Fehler des Einzelwertes (μ^3): $\varepsilon = \pm 0,37$; (%) $= \pm 5,3$. Mittlerer Fehler des Mittelwertes (μ^3): $E = \pm 0,12$; (%) $= \pm 1,66$.

Tabelle 17.

Zählung	$Vd\ \mu^3$	Mittlerer Durchmesser	Abweichung vom Mittel		Quadrierte Abweichung vom Mittel	
		μ	μ	%	μ	%
I	6,8	2,35	−0,03	−1,3	0,0009	1,69
II	6,8	2,35	−0,03	−1,3	0,0009	1,69
III	6,6	2,33	−0,05	−2,1	0,0025	4,41
IV	7,4	2,42	+0,04	+1,7	0,0016	2,89
V	7,2	2,39	+0,01	+0,4	0,0001	0,16
VI	7,1	2,38	±0,00	±0,0	0,0000	0,00
VII	7,9	2,47	+0,09	+3,8	0,0081	14,44
VIII	6,9	2,36	−0,02	−0,9	0,0004	0,81
IX	6,9	2,36	−0,02	−0,9	0,0004	0,81
X	7,0	2,37	−0,01	−0,4	0,0001	0,16
Summe ..	70,6	23,78	±0,3	±12,8	0,0150	27,06
Mittel ...	7,1	2,38	±0,03	±1,28	—	—

Mittlerer Fehler des Einzelwertes (μ): $\varepsilon = \pm 0,041$; (%) $= \pm 1,73$. Mittlerer Fehler des Mittelwertes (μ): $E = \pm 0,013$; (%) $= \pm 0,55$.

Mittlerer Fehler des Einzelwertes:

Nach *Gutzeit* . . . . ±4,3%.
Nach *van Dam* und *Sirks* . . . . . ±6,4%.
Nach der photographischen Methode ±5,3%.

Mittlerer Fehler des Mittelwertes:

Nach *Gutzeit* . . . . ±1,36%.
Nach *van Dam* und *Sirks* . . . . . ±2,03%.
Nach der photographischen Methode ±1,66%.

Hieraus ist deutlich zu erkennen, daß die Genauigkeit der photographischen Methode diejenige der *Gutzeit*schen fast erreicht, somit eine befriedigende Bestimmung der mittleren Teilchengröße (*Vd*) bei Anwendung der nötigen Sorgfalt gewährleistet. Die zwecks Bestimmung der guten praktischen Verwendbarkeit der Methode gemachten 17 Parallelversuche mit Milchproben verschiedener Fettkügelchengröße wie sie Tab. 18 zeigt, ergaben prozentuale Abweichungen von den Mittelwerten, die innerhalb der Grenzen liegen, wie sie in Tab. 16 ermittelt wurden. Der Mittelwert aller Bestimmungen ergibt hier mit $\pm 3{,}7\%$ sogar eine noch etwas geringere Abweichung als bei Tab. 16, wo sie $\pm 3{,}9\%$ beträgt. Jedoch kommt dieser geringe Unterschied gar nicht in Frage,

Tabelle 18.

Kuh Nummer	Datum	$Vd\ \mu^3$	Mittel μ^3	Abweichung vom Mittel μ^3	%
1524	2. X.	8,4	8,55	−0,15	−1,7
		8,7		+0,15	+1,8
3925 K.	5. X.	7,2	6,85	+0,35	+5,1
		6,5		−0,35	−5,1
1538	5. X.	6,1	5,55	+0,55	+10,0
		5,0		−0,55	−10,0
Shorthorn	6. X.	11,7	11,2	+0,5	+4,5
		10,7		−0,5	−4,4
1519	9. X.	9,6	9,55	+0,05	+0,5
		9,5		−0,05	−0,5
Shorthorn	12. X.	14,5	14,5	±0,0	±0,0
		14,5		±0,0	±0,0
1519	16. X.	9,4	9,0	+0,4	+4,4
		8,6		−0,4	−4,5
1524	16. X.	15,4	15,9	−0,5	−3,1
		16,4		+0,5	+3,1
1538	19. X.	6,9	6,85	+0,05	+0,7
		6,8		−0,05	−0,8
Shorthorn	19. X.	14,0	13,2	+0,8	+6,0
		12,4		−0,8	−6,1
1524	23. X.	8,2	8,25	−0,05	−0,6
		8,3		+0,05	+0,6
73808	2. XI.	14,5	14,2	+0,3	+2,1
		13,9		−0,3	−2,1
1519	6. XI.	10,2	9,7	+0,5	+5,2
		9,2		−0,5	−5,1
1521	6. XI.	9,4	9,85	−0,45	−4,6
		10,3		+0,45	+4,5
1524	6. XI.	12,5	13,1	−0,6	+4,6
		13,7		+0,6	−4,5
1538	8. XI.	7,0	7,15	−0,15	−2,1
		7,3		+0,15	+2,1
73808	8. XI.	10,4	11,35	−0,95	−8,3
		12,3		+0,95	+8,4
				$\pm 127{,}1 : 34$	
				$= \pm 3{,}7\%$	

zumal die Parallelbestimmungen eine größere Anzahl von Untersuchungen aufweisen. Es ist lediglich ein Beweis für die Brauchbarkeit des Verfahrens auch bei Untersuchung von nur zwei Präparaten, wie dies für praktische Zwecke meist in Frage kommt (s. Abb. 14—16, S. 229/230).

Ferner wurde wie bei der *van Dam* und *Sirks*schen Methode bei einer Reihe von Proben neben der photographischen Aufnahme noch eine Vergleichsbestimmung nach *Gutzeit* gemacht. Wiesen beide Verfahren in sich weitgehende Übereinstimmung bezüglich der Genauigkeit und der Durchschnittsergebnisse der Parallelbestimmungen auf, so weichen die Ergebnisse bei Untersuchung ein und derselben Milchprobe nach beiden Methoden teilweise erheblich voneinander ab (s. Tab. 19). Es sind hier maximale Abweichungen von den nach *Gutzeit* bestimmten Daten von +26,0% und −28,3% zu verzeichnen. Die mittlere Abweichung ist mit ±8,3% verhältnismäßig gering. Ähnliche Feststellungen wurden bereits schon bei der auf der gleichen Grundlage beruhenden *van Dam* und *Sirks*schen Methode gemacht (s. Tab. 15). Der Grund dieser teilweise erheblichen Ab-

Tabelle 19.

Kuh Nummer	Datum	$Vd\ \mu^3$	$\dfrac{Vd}{Gutzeit}$ μ^3	Abweichung gegenüber *Gutzeit*	
				μ^3	%
1521	25. IX.	10,5	9,9	+0,6	+6,0
1524	25. IX.	10,7	9,2	+1,5	+16,2
1519	2. X.	8,8	8,6	+0,2	+2,3
1521	2. X.	6,0	8,4	−2,4	−28,5
1524	2. X.	8,4	8,3	+0,1	+1,2
1524	2. X.	8,7	8,7	±0,0	±0,0
3925 K.	5. X.	6,9	7,7	−0,8	−10,4
1538	5. X.	5,6	6,7	−1,1	−16,2
Shorthorn	6. X.	11,2	11,2	±0,0	±0,0
1519	9. X.	9,55	9,5	+0,05	+0,5
1521	9. X.	8,2	8,4	−0,2	−2,4
1524	9. X.	10,9	11,3	−0,4	−3,6
1538	12. X.	5,0	5,3	−0,3	−5,6
Shorthorn	12. X.	14,5	13,3	+1,2	+9,0
1519	16. X.	9,0	9,9	−0,9	−10,0
1521	16. X.	10,6	9,7	+0,9	+9,3
1524	16. X.	15,9	15,1	+0,8	+5,3
1538	19. X.	6,8	6,1	+0,7	+11,5
Shorthorn	19. X.	13,2	13,3	−0,1	−1,5
1513	23. X.	17,7	18,5	−0,8	−4,3
1519	23. X.	6,9	6,7	+0,2	+3,0
1521	23. X.	8,1	7,5	+0,6	+8,0
1524	23. X.	8,2	8,2	±0,0	±0,0
1524	23. X.	8,3	8,2	+0,1	+1,2
73808 K.	25. X.	21,0	18,7	+2,3	+12,3
73808	2. XI.	14,2	11,5	+2,7	+23,3
1519	6. XI.	9,7	9,2	+0,5	+5,4
1521	6. XI.	9,8	8,8	+1,0	+11,3
1524	6. XI.	13,1	10,4	+2,7	+26,0
1538	8. XI.	7,0	6,4	+0,6	+9,4
1538	8. XI.	7,3	6,4	+0,9	+14,0
					±257,7 : 31 = ±8,3%

weichungen der Werte dieser beiden Methoden im Vergleich zu den nach *Gutzeit* gewonnenen ist wohl fast ausschließlich in der völlig anderen Grundlage und Art der Errechnung von Vd zu suchen. Diese Annahme wird noch bestärkt durch die Feststellung, daß in beiden Vergleichen (s. Tab. 15 und 19) die Abweichungen gegenüber den Ergebnissen von *Gutzeit* in positiver Richtung diejenigen in negativer überwiegen. Man sieht auch hier den Einfluß von einigen wenigen großen Fettkügelchen bei beiden Meßmethoden. Hieraus ergibt sich, daß, wenn es sich lediglich um eine Feststellung der mittleren Teilchengröße handelt, das *Gutzeit*sche Verfahren vorzuziehen ist, zumal hiermit die Ermittlung von Vd am schnellsten möglich ist. Soll der Dispersitätsgrad des Fettes in weiterem Umfange ermittelt werden, so ist, wenigstens in der Mehrzahl der Fälle, die photographische Methode angebracht.

4. Die optische Methode nach Schneck[1].

Bei den im vorstehenden beschriebenen Verfahren wurde der Dispersitätsgrad des Milchfettes durch direkte Zählung bzw. Messung der einzelnen Fettkügelchen bestimmt. Im folgenden soll eine Methode behandelt werden, die den Dispersitätsgrad auf indirektem Wege feststellt, dadurch, daß die Undurchsichtigkeit der Milch in Beziehung zur mittleren Teilchengröße gesetzt wird. Die Grundlage des Verfahrens besteht in der empirisch festgelegten Proportionalität zwischen Undurchsichtigkeit der Milch und mittlerer Teilchengröße unter bestimmt definierten Versuchsbedingungen, wobei zur exakten Messung der Lichtdurchlässigkeit eine Versuchsanordnung angewandt wurde, die den Zahlenwert dieser Größe objektiv festzustellen gestattet. Damit wird die Bestimmung der mittleren Teilchengröße auf eine einfachere Messung der Lichtdurchlässigkeit zurückgeführt.

Zu diesem Zwecke wurde die an früherer Stelle abgebildete Apparatur (Milchwirtsch. Forschgn **7**, 7) verwendet, die dort auch beschrieben ist.

Die Durchführung einer Messung ist aus Tab. 20 ersichtlich.

Tabelle 20. *Kuh 73808. 28. XI. 1928. Verdünnung 1:100 f. Schichtdicke = 0,5 cm.*

Ruhestellung	Galvanometerausschlag mit Objekt mm	Galvanometerausschlag bei leerer Apparatur mm	Zeit der Messung Minuten	Galvanometerausschlag z. Z. der Messung mm	Galvanometerausschlag mit Objekt korrigiert mm
0	—	1000	0	—	—
—	481	—	1	998	482
—	—	996	2		

Die zu untersuchenden Proben wurden durch Verdünnen mit destilliertem Wasser auf gleiche Fettkonzentration gebracht und bei gleicher Schichtdicke (0,5 cm) untersucht. Die Verdünnung betrug 1:100 f und wurde derart hergestellt, daß in einem 500-ccm-Kolben mittels einer 1-ccm-Maßpipette (ein Teilstrich = $1/100$ ccm) entsprechend den ermittelten Fettprozenten der einzelnen Proben Milch gebracht wurde, worauf nach gründlicher Ausspülung der Pipette der Kolben bis zur Marke mit destilliertem Wasser aufgefüllt wurde. Hatte also eine Milchprobe einen Fettgehalt von 5%, so wurde 1,00 ccm, bei geringeren bzw. höheren Prozenten entsprechend mehr oder weniger Milch zugesetzt (z. B. bei 2,5% 2 ccm). Die verdünnten Proben hatten also alle gleiche Fettkonzentration und waren deshalb ohne jede Umrechnung miteinander vergleichbar. (Über den Einfluß des Milchplasmas, der unter den vorliegenden Verhältnissen konstant gesetzt ist, soll später an anderer Stelle berichtet werden.) Die Proben wurden nicht sofort

---

[1] *A. Schneck*, Dispersoid-chemische Methoden zur Untersuchung der Milch. Milchwirtsch. Forschgn **7**, H. 1/2, 1 (1928).

nach dem Verdünnen untersucht, da sich die Lichtdurchlässigkeit, wie bereits von *Schneck* festgestellt wurde, anfänglich stark ändert (vgl. Tab. 21).

Tabelle 21. *Mischmilch.* 22. *I.* 1929. $f = 3,6\%$. *Verdünnung* 1:360.

	Zeit der Untersuchung nach dem Verdünnen				
	ca. $^3/_4$ Stde.	ca. 2 Stdn.	ca. 4 Stdn.	ca. 6 Stdn.	ca. 28 Stdn.
Galvanometerausschlag in Millimetern	445	474	473	473	480

Man sieht hieraus ganz deutlich, daß eine Messung frühestens nach zweistündigem, besser nach vierstündigem Stehen der Probe gemacht werden kann, denn die Messung nach etwa $^3/_4$ Stunde weicht erheblich von den übrigen ab. Daher wurden sämtliche Verdünnungen nach 3—6 Stunden untersucht.

Um die mittlere Teilchengröße zu bestimmen, muß man zunächst die Apparatur eichen. Dazu wurden bei einer größeren Anzahl von Proben unter Innehaltung der angegebenen Versuchsbedingungen Lichtdurchlässigkeit (in Millimetern) und Vd nach *Gutzeit* bestimmt. Aus den gewonnenen Ergebnissen wurde nachfolgende Tabelle (bzw. Eichkurve) hergestellt, mit deren Hilfe aus der beobachteten Lichtdurchlässigkeit (Galvanometerausschläge in Millimetern) ohne weiteres die mittlere Teilchengröße in μ^3 entnommen werden kann[1] (s. Tab. 22, Eichkurve hierzu Abb. 3).

Tabelle 22.

Galvanometerausschlag mm	$Vd\,\mu^3$	Galvanometerausschlag mm	$Vd\,\mu^3$	Galvanometerausschlag mm	$Vd\,\mu^3$
—	—	486	10,0	586	20,0
—	—	493	10,5	589	20,5
—	—	500	11,0	592	21,0
—	—	506	11,5	594	21,5
—	—	512	12,0	596	22,0
—	—	518	12,5	598	22,5
—	—	524	13,0	600	23,0
—	—	530	13,5	602	23,5
401	4,0	536	14,0	604	24,0
409	4,5	542	14,5	606	24,5
417	5,0	547	15,0	608	25,0
425	5,5	552	15,5	609	25,5
432	6,0	557	16,0	610	26,0
439	6,5	562	16,5	611	26,5
445	7,0	566	17,0	612	27,0
452	7,5	570	17,5	613	27,5
458	8,0	574	18,0	614	28,0
465	8,5	577	18,5	615	28,5
472	9,0	580	19,0	616	29,0
479	9,5	583	19,5	617	29,5
—	—	—	—	618	30,0

---

[1] Es ist auch möglich, an Stelle der mittleren Teilchengröße Vd den „Extinktionskoeffizienten" der Milch zu setzen, wenn man dabei auf gewisse optische Eigenschaften der Milch als kolloide Lösung bzw. als Emulsion Rücksicht nimmt.

Dispersoid-chemische Methoden zur Untersuchung der Milch. II. 209

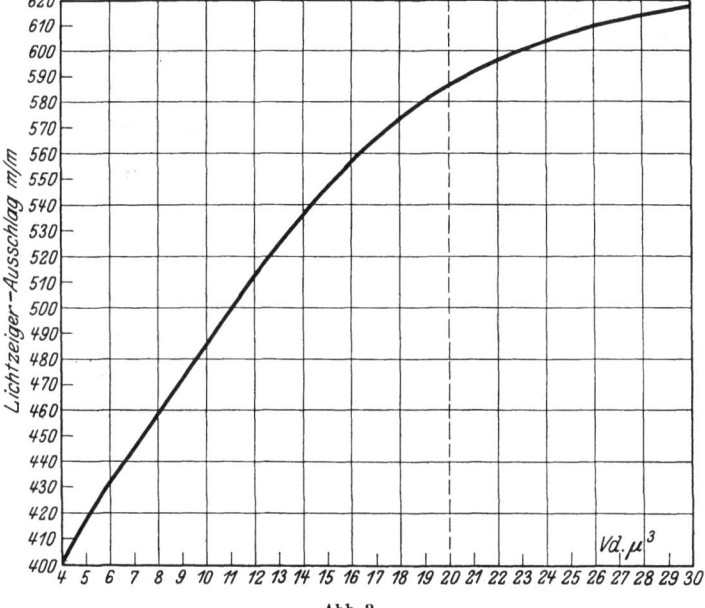

Abb. 3.

Mit welcher Genauigkeit unter Benutzung von Tab. 22 das Verfahren Vd zu ermitteln gestattet, geht aus nachstehend wiedergegebenem Versuch hervor, bei welchem von einer Probe zehn unabhängige Bestimmungen in der oben beschriebenen Weise ausgeführt wurden (s. Tab. 23).

Tabelle 23.

Messung	Galvanometerausschlag mm	$Vd\ \mu^3$ (aus Tabelle)	Abweichung vom Mittel μ^3	%	Quadrierte Abweichung vom Mittel μ^3	%
I	514	12,8	−0,5	−3,8	0,25	14,44
II	522	13,6	+0,3	+2,3	0,09	5,29
III	519	13,3	±0,0	±0,0	0,00	0,00
IV	520	13,4	+0,1	+0,8	0,01	0,64
V	521	13,5	+0,2	+1,5	0,04	2,25
VI	518	13,2	−0,1	−0,8	0,01	0,64
VII	517	13,1	−0,2	−1,5	0,04	2,25
VIII	521	13,5	+0,2	+1,5	0,04	2,25
IX	519	13,3	±0,0	±0,0	0,00	0,00
X	519	13,3	±0,0	±0,0	0,00	0,00
Summe .	5190	133,0	±1,6	±12,2	0,48	27,76
Mittel .	519	13,3	±0,16	±1,22	—	—

Mittlerer Fehler des Einzelwertes (μ^3): $\varepsilon = \pm 0{,}23$; (%) = +1,76. Mittlerer Fehler des Mittelwertes (μ^3): $E = \pm 0{,}073$; (%) = ±0,56.

Betrachten wir die einzelnen Spalten von Tab. 23, so fällt uns überall die geringe Höhe der Abweichung auf, welche trotz der relativ hohen mittleren Fettkügelchengröße von 13,3 μ^3 (im Mittel) in den äußersten Fällen $+0,3$ und $-0,5$ μ^3, im Durchschnitt sogar nur $\pm 0,16$ μ^3 beträgt.

Der mittlere Fehler des Einzelwertes ist mit $\pm 0,23$ μ^3 bzw. in Prozenten ausgedrückt mit $\pm 1,76\%$ nur gering, während derjenige des Mittelwertes $\pm 0,07$ μ^3, prozentual $\pm 0,56\%$, also nur $\pm 0,5\%$ erreicht. Zieht man zum Vergleich die entsprechenden (prozentualen) Ergebnisse der drei übrigen Methoden heran, so wird die große Genauigkeit des Verfahrens besonders deutlich.

Mittlerer Fehler des Einzelwertes:

Nach *Gutzeit* . . . . $\pm 4,3\%$
Nach *van Dam* und *Sirks* . . . . $\pm 6,4\%$
Nach der photographischen Methode . . . $\pm 5,3\%$
Nach *Schneck* . . . . $\pm 1,76\%$

Mittlerer Fehler des Mittelwertes:

Nach *Gutzeit* . . . . $\pm 1,36\%$
Nach *van Dam* und *Sirks* . . . . $\pm 2,03\%$
Nach der photographischen Methode . . . $\pm 1,66\%$
Nach *Schneck* . . . . $\pm 0,56\%$

Wenn man anstatt des Volumens die entsprechenden Durchmesser einführt, so tritt die Genauigkeit des Meßverfahrens noch klarer zutage (extreme Werte 2,90 und 2,96 μ, s. Tab. 24).

Tabelle 24.

Messung	$Vd\,\mu^3$	Mittlerer Durchmesser μ	Abweichung vom Mittel		Quadrierte Abweichung vom Mittel	
			μ	%	μ	%
I	12,8	2,90	$-0,04$	$-1,4$	0,0016	1,96
II	13,6	2,96	$+0,02$	$+0,7$	0,0004	0,49
III	13,3	2,94	$\pm 0,00$	$\pm 0,0$	0,0000	0,00
IV	13,4	2,95	$+0,01$	$+0,4$	0,0001	0,16
V	13,5	2,95	$+0,01$	$+0,5$	0,0001	0,25
VI	13,2	2,93	$-0,01$	$-0,4$	0,0001	0,16
VII	13,1	2,93	$-0,01$	$-0,5$	0,0001	0,25
VIII	13,5	2,95	$+0,01$	$+0,4$	0,0001	0,16
IX	13,3	2,94	$\pm 0,00$	$\pm 0,0$	0,0000	0,00
X	13,3	2,94	$\pm 0,00$	$\pm 0,0$	0,0000	0,00
Summe .	133,0	29,39	$\pm 0,11$	$\pm 4,3$	0,0025	3,43
Mittel . .	13,3	2,94	$\pm 0,01$	$\pm 0,4$	—	—

Mittlerer Fehler des Einzelwertes (μ): $\varepsilon = \pm 0,017$; (%) $= \pm 0,62$. Mittlerer Fehler des Mittelwertes (μ): $E = \pm 0,0053$; (%) $= \pm 0,195$.

Dispersoid-chemische Methoden zur Untersuchung der Milch. II. 211

Die gemachten Beobachtungen lassen weiter erkennen, daß eine Messung der Lichtdurchlässigkeit hinreichend ist, um eine genügend genaue Ermittlung von Vd aus den Eichdaten zu ermöglichen. Wegen des geringen Aufwandes an Zeit (etwa 8—10 Messungen pro Stunde) erweist sich das Verfahren für praktische Zwecke als besonders geeignet. War die Genauigkeit der optischen Methode in sich sogar noch größer als bei dem *Gutzeit*schen Verfahren, so zeigt sie gegenüber der Vergleichsbestimmung von Vd nach *Gutzeit* Abweichungen, die über die Fehler, mit der die Eichkurve behaftet ist, hinausgehen (s. Tab. 25). Die Abweichungen erreichen in den beiden äußersten Fällen $+15,7$ und $-14,4\%$. Das Mittel beträgt $\pm 7,0\%$. Hiervon sind etwa 4% durch die Eichkurve bedingt. Daher beträgt die wirkliche Differenz gegenüber *Gutzeit* nur etwa 3%. Dies führt zu dem Schluß, daß für möglichst genaue Messungen von Vd immer das *Gutzeit*sche Verfahren vorzuziehen ist, während die optische Methode mehr für praktische Zwecke, insbesondere Maßenbestimmungen der mittleren Teilchengröße, in Frage kommt.

Tabelle 25.

Nr.	Datum der Untersuchung	Galvanometerausschlag mm	Lt. Tabelle $Vd\,\mu^3$	Nach *Gutzeit* $Vd\,\mu^3$	Abweichung gegenüber *Gutzeit*	
					μ^3	%
1513	27. XI.	562	16,5	18,9	$-2,4$	$-12,7$
73808	28. XI.	482	9,7	9,7	$\pm 0,0$	$\pm 0,0$
Mischmilch	29. XI.	433	6,1	5,9	$+0,2$	$+3,4$
Shorthorn	29. XI.	474	9,1	9,3	$-0,2$	$-2,1$
73703	30. XI.	488	10,2	10,9	$-0,7$	$-6,4$
Mischmilch	3. XII.	432	6,0	6,0	$\pm 0,0$	$\pm 0,0$
47013	4. XII.	496	10,7	9,7	$+1,0$	$+10,0$
47013	6. XII.	553	15,6	17,0	$-1,4$	$-8,2$
Mischmilch	10. XII.	433	6,1	6,7	$-0,6$	$-9,0$
1510	11. XII.	422	5,3	6,0	$-0,7$	$-11,7$
1524	11. XII.	455	7,8	7,6	$+0,2$	$+2,6$
Mischmilch	12. XII.	431	5,9	5,4	$+0,5$	$+9,3$
73808	13. XII.	478	9,4	9,2	$+0,2$	$+2,2$
Mischmilch	13. XII.	445	7,0	6,3	$+0,7$	$+11,1$
Mischmilch	14. XII.	432	6,0	5,9	$+0,1$	$+1,7$
1513	14. XII.	494	10,6	11,4	$-0,8$	$-7,0$
1510	15. I.	440	6,6	7,0	$-0,4$	$-5,7$
1513	15. I.	487	10,1	11,8	$-1,7$	$-14,4$
1519	15. I.	479	9,5	10,6	$-1,1$	$-10,3$
1557	12. II.	615	28,5	29,0	$-0,5$	$-1,7$
1557	19. II.	547	15,0	16,2	$-1,2$	$-7,4$
1510	26. II.	578	18,7	18,7	$\pm 0,0$	$\pm 0,0$
1557	26. II.	571	17,6	15,5	$+2,1$	$+13,6$
1510	5. III.	562	16,5	16,4	$+0,1$	$+0,6$
65429	30. V.	568	17,1	14,9	$+2,2$	$+14,8$
78508	30. V.	573	17,9	16,6	$+1,3$	$+7,8$
65429	5. VI.	533	13,3	11,8	$+1,5$	$+12,7$
1574	4. VI.	531	13,6	13,4	$+0,2$	$+1,5$
78504	5. VI.	544	14,7	12,7	$+2,0$	$+15,7$
Summe ...						$\pm 202,6$
Mittel ...						$\pm 7,0$

II. Beispiele für die Fettverteilung auf einzelne Größenklassen und die mittlere Teilchengröße, nebst deren Beeinflussung durch Laktation, Fütterung und Rasse.

In dem vorangegangenen Abschnitt wurden lediglich Methoden zur Bestimmung der mittleren Fettkügelchengröße (Vd) bzw. der Verteilung des Fettes auf einzelne Größenklassen einer Kritik unterworfen. Im Laufe dieser Untersuchung wurde das Beobachtungsmaterial so gewählt, daß sich gleichzeitig die Möglichkeit bot, es zu einer näheren Betrachtung der Art der Fettverteilung und deren Beeinflussung vorwiegend durch Lactation, Fütterung und Rasse zu verwenden. Es wurden hierbei Ergebnisse der photographischen Methode ausgewertet, aus denen sich gleichzeitig deren mannigfache praktische Verwendbarkeit ergibt. Ferner war es von Interesse festzustellen, ob sich hier vielleicht ähnliche Ergebnisse zeigten, wie sie *Weigmann jun.* in einer vor kurzem erschienenen Arbeit[1] mit Hilfe der *van Dam* und *Sirks*schen Methode fand.

Zu unseren Betrachtungen ist die Milch der 5 nachstehend angeführten Kühe herangezogen worden (Kuh 1519, 1521, 1524 = Jerseykreuzungen, Shorthorn und Kuh 1538 = Schwarzbunt). Die hierbei ermittelte Fettverteilung und ihre Verschiebung durch Lactation, Fütterung und Rasse soll an Hand des gewonnenen Materials näher behandelt werden (s. Tab. 28—65, S. 218—228).

Um eine bessere Übersicht der Veränderungen zu ermöglichen, wurden außerdem bei jeder der ersten 3 Kühe die jeweiligen Gipfelpunkte der einzelnen Verteilungskurven zu einer Sammelkurve[2] zusammengefaßt (siehe Abb. 4 bis 6).

Auf den Tabellen 28—31 sehen wir die Verteilung der Fettkügelchen auf die einzelnen Größenklassen bei 1519 nebst deren Anteil an einer bestimmten Fettmenge (100 mg) während des Weideganges unter Beigabe einer kleinen Kraftfuttermischung. Der Höhepunkt der Größenklassenkurve liegt mit Ausnahme von Tab. 3 immer bei der ersten Größenklasse, um dann mehr oder weniger steil bis zur Größenklasse 8—9 abzufallen. Der Gipfel der Gewichtsanteilkurve dagegen liegt bedeutend weiter rechts, und zwar meist bei 5—6 μ, nur bei Tab. 29 geht er bis 4—5 μ herab.

Verfolgt man die einzelnen Messungen noch weiter bis Tab. 36 (2 Monate später), so fällt sofort der Einfluß durch Lactation bzw. Fütterung auf (siehe auch Abb. 4).

Die Fettkügelchen erreichen hier meist nur noch einen Durchmesser von höchstens 6—7 μ (mit Ausnahme von Tab. 36). Während der Gipfel der Größenklassenkurve nach rechts gerückt ist, hat sich der größte

---

[1] *H. H. Weigmann jun.*, Über den Dispersionsgrad des Fettes in der Milch. Milchwirtsch. Forschgn **4** (1927).

[2] Ausgezogene Linie (Größenklassenkurve). Gestrichelte Linie (Gewichtsanteilkurve).

Fettanteil (je 100 mg) um 2 (in Tab. 35 sogar 3) Größenklassen nach links, also auf 3—4 (2—3) μ verschoben. In der Mehrzahl der Tab. 32—36 bleibt sogar Größenklasse 0—1 noch hinter 2—3 zurück. Ist nun das Verschwinden der obersten Größenklassen und die Verschiebung der Gewichtsanteilkurve um 2—3 μ nach links vorwiegend auf die 2 Monate vorgeschrittene

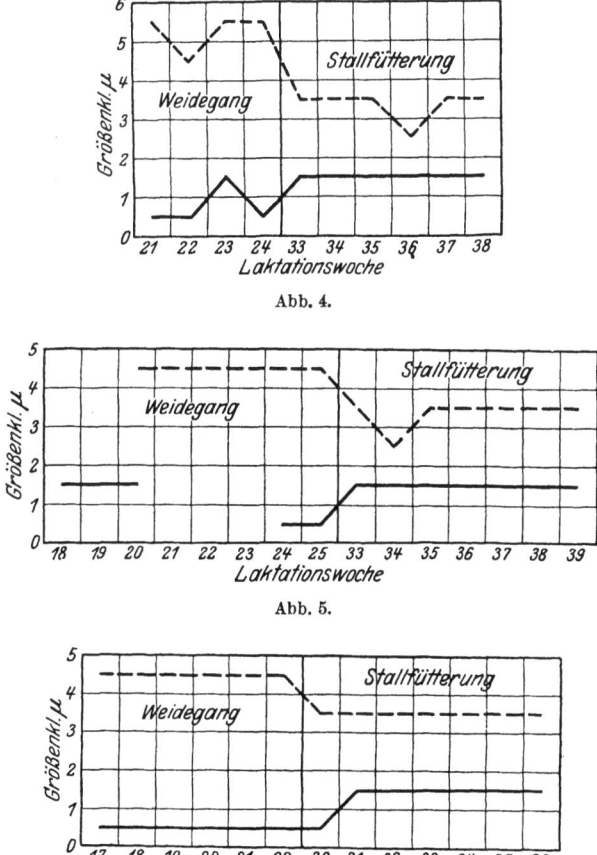

Abb. 4.

Abb. 5.

Abb. 6.

Lactationszeit zurückzuführen, so ist, da ja die Fettkügelchengröße abnimmt, die Vergrößerung des Anteiles der Kügelchen von 1—2 μ und meist auch von 2—3 μ Durchmesser in der Stallfütterung begründet (gegenüber *Weide*), was bereits mehrere Forscher wie *Gutzeit*, *Rahn*, *Weigmann* usw. nachgewiesen haben. Bei den beiden folgenden Untersuchungsreihen (1521 und 1524; Tab. 37—46 und 47—55), welche ja wie 1519 ebenfalls Jersey-Kreuzungen und auch in dem gleichen Lactationsstadium sind, machen wir ganz ähnliche Feststellungen. Nur 1521 weist in Tab. 38 eine stark überwiegende Anzahl von Fettkügelchen der Größenklasse 1—2 μ auf, welche sonst erst nach Eintreten der Stallfütterung zu verzeichnen ist.

Der Höhepunkt der Gewichtsanteilkurve liegt, wie aus Abb. 5 und 6 während der ganzen Weidezeit bei beiden Kühen ersichtlich ist, immer bei der Größenklasse 4—5 μ. Die 2 Monate später gemachten Untersuchungen bei Stallfütterung weisen zwar eine Verschiebung des Kurvengipfels der Fettkügelchen von 0—1 auf 1—2 μ auf, jedoch ist der höchste Gewichtsanteil im Gegensatz dazu von 4—5 μ auf 3—4 μ gesunken. Auch hier ist der Grund der jeweiligen Verschiebung wie bei 1519 in dem Einsetzen der Stallfütterung bzw. in der Lactation zu suchen. In ähnlicher Weise wie bei der Fettverteilung ist dies bei der mittleren Teilchengröße festzustellen, nur tritt ein Einfluß des Überganges zur Stallfütterung weniger deutlich hervor, wogegen die um 2 Monate vorgeschrittene Lactation sofort durch die teilweise bedeutend geringeren mittleren Volumina der Fettkügelchen auffällt. Neben der Lactation mag es auch die kleine Kraftfuttergabe sein, welche bei dem Übergang von Weide zu Stallfütterung ausgleichend auf die mittlere Teilchengröße gewirkt hat.

Wurde ein erhebliches Steigen von Vd durch Einsetzen der Stallfütterung bereits (wie oben erwähnt) von *Gutzeit* und neuerdings von *H. Weigmann jun.* beobachtet, so konnte außerdem *Gutzeit* die interessante Feststellung machen, daß dies auch für den umgekehrten Fall (Übergang zur Weide) zutrifft, wobei sich noch größere Schwankungen zeigen. Dies läßt darauf schließen, daß es weniger das Futter, sondern vorwiegend der Fütterungswechsel ist, welcher von Einfluß auf die Höhe von Vd ist, zumal das Maximum nur momentan auftritt.

Daneben aber geben uns einzelne stärkere Schwankungen in Vd noch einige interessante Aufschlüsse über Fütterungswechsel während der Stallhaltung. So geht bei 1519 die mittlere Fettkügelchengröße durch den Übergang von Kartoffel- zu Rübenblattfütterung von 9,0 μ^3 auf 6,9 μ^3 zurück (Tab. 34 und 35). Bei 1521 und 1524 sinkt Vd von 10,5 auf 6,0 μ^3 bzw. von 10,7 μ^3 auf 8,55 μ^3 durch Verabreichung von Kartoffeln nach grünem Mais (Tab. 41 und 42 bzw. 50 und 51). Das Einsetzen von Rübenblatt- nach vorheriger Kartoffelfütterung ruft bei 1521 eine Steigerung von 2,4 μ^3, bei 1524 sogar von 5 μ^3 hervor (Tab. 43 und 44 bzw. 52 und 53), um dann wieder herabzusinken.

Besonders das letzte Beispiel zeigt mit seinem starken Sinken von Vd nach vorheriger Steigerung, daß diese Schwankungen, wenn auch nicht ausschließlich, so doch zum größeren Teil dem Wechsel in der Fütterung zuzuschreiben sind.

Stellte doch *Gutzeit* bei seinen Untersuchungen fest, daß jedem eintretenden Maximum ein solches Minimum folgte und somit ausgleichend wirkte.

Natürlich ist außerdem die Zusammensetzung des Futters von nicht zu unterschätzender Bedeutung. Manche Futtermittel rufen meist ein Steigen, andere ein Sinken von Vd hervor. *Pankowski* fand bei Grün- und Rotkleefütterung Steigen der größeren, bei Mais- und Trockenfütterung Zunahme der kleinen Fettkügelchen[1].

Da jedoch, ebenfalls nach *Gutzeit*, noch zahlreiche andere Faktoren (z. B. Witterung, Rindern) auf die mittlere Teilchengröße Einfluß haben können, so zeigen die einzelnen Ergebnisse häufig weitgehende Abweichungen. Besonders tritt dies hervor, wenn die Milch einer größeren Anzahl Kühe (derselben Rasse) fortlaufend untersucht wird. Zugleich spielen hier die täglichen Schwankungen von Vd und das zum Teil sehr verschiedene Reaktionsvermögen der Tiere eine Rolle.

Übereinstimmende Ergebnisse fand *Gutzeit* nur bei Übergang von Weide zu Stallfütterung bzw. umgekehrt.

Dies führt zu dem Schluß, daß ein Fütterungswechsel bzw. ein Futtermittel Vd zwar in einer bestimmten Richtung (+ oder —) beeinflussen kann, jedoch in keiner Weise eine solche Schwankung der mittleren Teilchengröße hervorrufen muß. Ruft doch bei Kuh 1521 und 1524 der Übergang von Kartoffel- zu Rübenblattfütterung ein Steigen, bei 1519 dagegen ein Sinken von Vd hervor.

Da ein Ansteigen nur momentan auftritt und außerdem meist durch ein Minimum ausgeglichen wird, so kommt ein nennenswerter Einfluß der Fütterung auf die durchschnittliche mittlere Fettkügelchengröße im Gegensatz zur Lactation nicht in Frage. (Damit ist eine erhebliche Veränderung im Fettgehalt der Milch keineswegs ausgeschlossen.)

Sollten die bisher besprochenen Untersuchungsreihen einen Nachweis der Veränderung von Vd bzw. der Fettverteilung durch Lactation und Fütterung sein, so deuten die beiden letzten Kühe den Einfluß der Rasse (neben der Lactation) an (siehe Tab. 55—65). Ist der Unterschied im Höhepunkt der Gewichtsanteilkurve vorwiegend der verschiedenen Lactationsperiode beider Kühe zuzuschreiben (*Shorthorn* und 1538), so kann man wohl trotz dieses Unterschiedes die Kurvenform mehr oder weniger als einen Einfluß der Rasse bezeichnen. Weist doch die Shorthornkuh meist eine flache Kurvenform auf im Gegensatz zu 1538 (Schwarzbunt), deren Kurven sehr steil verlaufen, was wahrscheinlich nur teilweise eine Auswirkung der stark fortgeschrittenen Lactationsperiode ist. In Abb. 14—16 und 20—21 tritt der große Unterschied in der mittleren Fettkügelchengröße auch bei den einzelnen Kügelchen deutlich sichtbar zutage.

Wurde durch die bisher angeführten Beispiele der Einfluß von Lactation, Fütterung und Rasse in großen Zügen dargelegt, so soll als letzte Untersuchungsreihe an Hand einiger Mikrophotographien das Colostrum kurz behandelt werden (siehe Abb. 22—25). Lediglich diese 4 Abbil-

---

[1] *Pankowski*, Leipzig. Diss. 1904 (zit. nach *Grimmer*, Lehrb. d. Chem. u. Physiol. d. Milch. 2. Aufl. S. 136).

dungen mögen als Beispiel für unsere Befunde bei der gelegentlichen Untersuchung von Erstlingsmilch besprochen werden, ohne auf dieses interessante Lactationsstadium in seinen Einzelheiten näher einzugehen. Abb. 22 zeigt uns die Milch des ersten Lactationstages, bei welcher sofort die durch den erhöhten Eiweißgehalt bedingte starke Konglomeration der Fettkügelchen, sowie ein Zurücktreten der mittleren Größenklassen auffällt. Am 2. Tage (Abb. 23) ist keine Konglomeration mehr erkennbar, jedoch hat die Fettkügelchengröße sichtlich zugenommen, um am 3. Tage (Abb. 24) ihren Höhepunkt zu erreichen. Am 4. Tage (Abb. 25) dagegen treten die obersten Größenklassen in etwas geringerer Zahl auf, um dann mit dem Fortschreiten der Lactation immer mehr abzunehmen bzw. ganz zu verschwinden.

Anschließend an diese Besprechung unserer Versuchsergebnisse ist es vielleicht angebracht, einige der von *H. Weigmann jun.*[1] in seiner 1927 erschienenen Arbeit (Über den Dispersionsgrad des Fettes in der Milch), gefundenen Werte zum Vergleich heranzuziehen. Nach diesen Untersuchungen soll die mittlere Fettkügelchengröße einzelner Rassen innerhalb der letzten 30 Jahre um das 2—3fache gestiegen sein, was vorwiegend dem Einfluß der Züchtung und auch dem vermehrten Kraftfutter zugeschrieben wird.

Tabelle 26.

Rasse	Vd Gutzeit μ^3	Vd Weigmann μ^3
Angler	13,0	20,59
Shorthorn	11,0	23,25
Schwarzbunte Hollsteiner	9,0	18,06
Holländer Breitenburger	7,8	31,74

Ferner fällt bei seinen Untersuchungen zunächst die in vielen Fällen sehr hohe mittlere Fettkügelchengröße auf. Dieselbe wird aber bei Stallfütterung im Gegensatz zur Weide derartig gesteigert, daß die mittlere Fettkügelchengröße außerordentlich hohe Ausmaße annimmt (s. Tab. 27).

Tabelle 27.

	Geestvieh, Kuh Walküre Lactationstag			Elbmarschvieh, Kuh Bandoline Lactationstag	
	178	259		184	189
Vd ...	18,22 μ^3	58,33 μ^3	Vd ...	38,86 μ^3	141,78 μ^3

Zieht man bei der Kuh Walküre in Betracht, daß die Untersuchung der Milch bei Stallfütterung fast 3 Monate nach derjenigen bei Weide erfolgt ist, so kann man bei Berücksichtigung des Einflusses der Lactation wohl eine etwa 5—6fache Vergrößerung von Vd annehmen.

Ferner erscheint das Ergebnis bei Stallfütterung bei Kuh Bandoline, abgesehen von der auch hier 3—4 fachen Steigerung, derart hoch, daß man es wohl kaum einmal bei Colostrum von Jerseykühen finden dürfte. Wenn auch nicht dieselben Rassen

---

[1] *H. Weigmann jun.*, l. c. S. 212.

wie bei *Weigmann* im hiesigen Institut zur Untersuchung der Milchfettkügelchen herangezogen worden, so ist eine gewisse Beziehung und Vergleichsmöglichkeit nicht von der Hand zu weisen. Zwar rief, wie oben beschrieben, die Stallfütterung eine Verschiebung innerhalb der Größenklassen (besonders 1—3 μ) nach rechts hervor, jedoch machte dies nur einen Bruchteil der mittleren Fettkügelchengröße bei Weide aus. Die vorliegenden Untersuchungen lassen demnach auf keine Erhöhung der mittleren Fettkügelchengröße als Rassemerkmal schließen (*Gutzeit*), wie sie *Weigmann* jun. bei seinen Beobachtungen fand.

Zusammenfassung.

Der Dispersitätsgrad des Fettes in der Milch (mittlere Teilchengröße Vd bzw. Verteilung auf einzelne Größenklassen) ist bei Behandlung milchwirtschaftlicher Fragen von Bedeutung. In vorliegender Arbeit wurden die Methoden zur Bestimmung des Dispersitätsgrades des Milchfettes näher behandelt und einander gegenüber gestellt. Es wurden dazu 4 Methoden herangezogen, das Verfahren von *Gutzeit*, das von *van Dam* und *Sirks*, die photographische Methode und die optische Methode nach *Schneck*. Die Genauigkeit, mit der die Methoden zu messen imstande sind, zeigt folgende Zusammenstellung:

Mittlerer Fehler des Einzelwertes:
Nach dem Verfahren von *Gutzeit* . . . . $\pm 4,3$ %
Nach dem Verfahren von *van Dam* und *Sirks* . . . . . . $\pm 6,4$ %
Nach der photographischen Methode . . . . $\pm 5,3$ %
Nach der optischen Methode nach *Schneck* . . . . $\pm 1,8$ %

Mittlerer Fehler des Mittelwertes:
Nach dem Verfahren von *Gutzeit* . . . . $\pm 1,3$ %
Nach dem Verfahren von *van Dam* und *Sirks* . . . . . . $\pm 2,03$%
Nach der photographischen Methode . . . . $\pm 1,66$%
Nach der optischen Methode nach *Schneck* . . . . $\pm 0,56$%

Gegenüber der Methode von *Gutzeit* treten (bei Vergleichsbestimmungen) bei den einzelnen Verfahren nachstehende mittlere Abweichungen auf:

Abweichung gegenüber Gutzeit:
Bei *van Dam* und *Sirks* . . . . $\pm 12,2$%
Bei der photographischen Methode . . . . $\pm 8,3$%
Bei der optischen Methode . . . . $\pm 7,2$%

Wenn die Verteilung des Fettes durch die mittlere Teilchengröße charakteristisch werden soll, ist das *Gutzeit*sche Verfahren in den Fällen angebracht, wo es sich um rein wissenschaftliche, möglichst exakte Untersuchungen handelt. Dagegen ist bei der Feststellung von Vd für praktische Zwecke der optischen Methode der Vorzug zu geben, da dieselbe ein viel (etwa 3mal) schnelleres Arbeiten mit hinreichender Genauigkeit ermöglicht. Soll vornehmlich die Art der Fettverteilung (auf einzelne Größenklassen) ermittelt werden, so liefert die photographische Methode die zuverlässigsten Ergebnisse.

In einem weiteren Teile der Arbeit wurde die Fettverteilung dazu benutzt, um an praktischen Beispielen Einflüsse von Fütterung, Lactation und Rasse nachzuweisen. Eine Steigerung der mittleren Teilchengröße durch Stallfütterung (nach Weide) wurde offenbar nach einiger Zeit durch die mit der (um ca. 2 Monate) fortgeschrittenen Lacatation verbundene Verkleinerung von Vd ausgeglichen, dagegen ließ sich die Änderung der Fettverteilung auf einzelne Größenklassen durch Einsetzen der Stallfütterung noch deutlich erkennen. Während der Stallfütterung wurden bei Fütterungswechsel stärkere Schwankungen von Vd beobachtet. (Durch die Fütterung von Kartoffeln nach grünem Mais sinkt bei Kuh 1521 und 1524 Vd von 10,5 auf 6,0 μ^3 bzw. von 10,7 auf 8,55 μ^3. Die darauffolgende Verabreichung von Rübenblatt hatte bei denselben Kühen ein Steigen von 8,2 auf 10,6 μ^3 bzw. von 10,9 auf 15,9 μ^3 zur Folge.) Die Form der Fettverteilungskurven (Shorthornkuh flache Kurve und Kuh 1538 [Schwarzbunt] sehr steile Kurve) lassen vermuten, daß dieselbe trotz verschiedener Lactationszeiten eine Rasseneigentümlichkeit ist. Die letzte Versuchsreihe zeigte in 4 Abbildungen das Ergebnis unserer Untersuchungen von Colostrum, wobei festgestellt wurde, daß die höchste mittlere Teilchengröße nicht am ersten, sondern am 3. Tage zu verzeichnen ist, um zuerst schnell, dann allmählich immer mehr herabzusinken. Zum Schluß wurden unseren Ergebnissen noch die von *Weigmann jun.*, gefundenen gegenübergestellt, wobei sich dieselben größtenteils im Vergleich zu den unsrigen als außerordentlich hoch erwiesen.

Tabellarische und photographische Darstellungen der Fettverteilung.

Tabelle 28. *Kuh 1519, gekalbt am 16. II. 1928. Untersucht am 10. VII. 1928. 21. Lactationswoche. Fütterung: Weide und 0,5 kg Kraftfuttermischung (ein Teil weiße Fahne, ein Teil Weizenkleie, ein Teil Melasseschnitzel).*

Tabelle 29. *Kuh 1519, untersucht am 17. VII. 1928. 22. Lactationswoche. Fütterung: Weide und 0,5 kg Kraftfuttermischung (ein Teil weiße Fahne, ein Teil Weizenkleie, ein Teil Melasseschnitzel).*

Größenklasse μ	Es entfallen von		Größenklasse μ	Es entfallen von	
	100 Fettkügelchen	100 mg Fett		100 Fettkügelchen	100 mg Fett
0—1	41,8	0,2	0—1	27,9	0,1
1—2	23,4	2,7	1—2	21,6	2,3
2—3	11,1	5,9	2—3	18,1	8,7
3—4	8,6	12,4	3—4	15,7	21,2
4—5	7,6	23,3	4—5	11,3	32,0
5—6	4,9	27,7	5—6	3,5	17,7
6—7	1,9	17,1	6—7	1,4	11,8
7—8	0,5	7,5	7—8	0,3	3,6
8—9	0,2	3,2	8—9	0,2	2,6
	100,0	100,0		100,0	100,0

$Vd = 15,5\ \mu^3$ $Vd = 17,0\ \mu^3$

Tabelle 30. *Kuh 1519, untersucht am 25. VII. 1928. 23. Lactationswoche. Fütterung: Weide und 0,5 kg Kraftfuttermischung (ein Teil weiße Fahne, ein Teil Weizenkleie, ein Teil Melasseschnitzel).*

Größen-klasse μ	Es entfallen von	
	100 Fettkügelchen	100 mg Fett
0—1	21,9	0,1
1—2	26,5	3,1
2—3	25,1	13,7
3—4	13,3	19,9
4—5	7,6	24,1
5—6	4,6	27,1
6—7	0,9	9,8
7—8	0,1	2,2
8—9	—	—
	100,0	100,0

$Vd = 14,8 \, \mu^3$

Tabelle 32. *Kuh 1519, untersucht am 2. X. 1928. 33. Lactationswoche. Fütterung: 12 kg Kartoffeln, 3 kg Spreu, 5 kg Sommerhalmstroh, 2 kg weiße Fahne, 2 kg Weizenkleie.*

Größen-klasse μ	Es entfallen von	
	100 Fettkügelchen	100 mg Fett
0—1	13,3	0,1
1—2	35,5	7,1
2—3	31,4	29,3
3—4	15,8	40,3
4—5	3,6	19,9
5—6	0,4	3,3
6—7	—	—
	100,0	100,0

$Vd = 8,8 \, \mu^3$

Tabelle 31. *Kuh 1519, untersucht am 31. VII. 1928. 24. Lactationswoche. Fütterung: Weide und 0,75 kg Kraftfuttermischung (ein Teil weiße Fahne, ein Teil Weizenkleie, ein Teil Melasseschnitzel).*

Größen-klasse μ	Es entfallen von	
	100 Fettkügelchen	100 mg Fett
0—1	26,1	0,1
1—2	20,2	1,9
2—3	20,0	8,6
3—4	16,5	19,3
4—5	9,6	23,7
5—6	5,5	24,7
6—7	1,0	8,0
7—8	0,8	8,6
8—9	0,3	5,1
	100,0	100,0

$Vd = 19,5 \, \mu^3$

Tabelle 33. *Kuh 1519, untersucht am 9. X. 1928. 34. Lactationswoche. Fütterung: 12 kg Kartoffeln, 3 kg Spreu, 5 kg Sommerhalmstroh, 2 kg weiße Fahne, 2 kg Weizenkleie.*

Größen-klasse μ	Es entfallen von	
	100 Fettkügelchen	100 mg Fett
0—1	24,8	0,2
1—2	29,4	5,5
2—3	24,2	20,5
3—4	15,5	36,6
4—5	4,7	23,5
5—6	1,3	12,3
6—7	0,1	1,4
7—8	—	—
	100,0	100,0

$Vd = 9,55 \, \mu^3$

Tabelle 34. *Kuh 1519, untersucht am 16. X. 1928. 35. Lactationswoche. Fütterung: 50 kg Rübenblatt, 3 kg Spreu, 4 kg Sommerhalmstroh, 0,5 kg weiße Fahne, 0,25 kg Weizenkleie.*

Größen-klasse μ	Es entfallen von	
	100 Fettkügelchen	100 mg Fett
0—1	14,4	0,1
1—2	40,4	8,0
2—3	27,1	24,5
3—4	13,1	32,6
4—5	3,3	17,6
5—6	1,6	15,6
6—7	0,1	1,6
	100,0	100,0

$Vd = 9,0\ \mu^3$

Tabelle 36. *Kuh 1519, untersucht am 6. XI. 1928. 38. Lactationswoche. Fütterung: 50 kg Rübenblatt, 3 kg Spreu, 4 kg Sommerhalmstroh, 0,75 kg Mischung (zwei Teile weiße Fahne, ein Teil Gerstenschrot, ein Teil Weizenkleie).*

Größen-klasse μ	Es entfallen von	
	100 Fettkügelchen	100 mg Fett
0—1	24,2	0,2
1—2	33,7	6,2
2—3	21,8	18,5
3—4	13,4	31,0
4—5	5,1	24,7
5—6	1,4	13,1
6—7	0,3	5,0
7—8	0,1	1,3
	100,0	100,0

$Vd = 9,7\ \mu^3$

Tabelle 35. *Kuh 1519, untersucht am 23. X. 1928. 36. Lactationswoche. Fütterung: 50 kg Rübenblatt, 3 kg Spreu, 4 kg Sommerhalmstroh, 0,5 kg weiße Fahne, 0,25 kg Weizenkleie.*

Größen-klasse μ	Es entfallen von	
	100 Fettkügelchen	100 mg Fett
0—1	15,0	0,1
1—2	38,5	9,9
2—3	33,2	39,5
3—4	11,7	38,4
4—5	1,4	10,1
5—6	0,2	2,0
6—7	—	—
	100,0	100,0

$Vd = 6,9\ \mu^3$

Tabelle 37. *Kuh 1521, gekalbt am 7. II. 1928. Untersucht am 12. VI. 1928. 18. Lactationswoche. Fütterung: Weide.*

Größen-klasse μ	Es entfallen von	
	100 Fettkügelchen	100 mg Fett
0—1	27,1	0,2
1—2	29,1	5,5
2—3	24,9	21,7
3—4	11,7	27,7
4—5	5,5	27,6
5—6	1,3	11,8
6—7	0,4	5,5
7—8	—	—
	100,0	100,0

$Vd = 9,4\ \mu^3$

Tabelle 38. *Kuh 1521, untersucht am 26. VI. 1928. 20. Lactationswoche. Fütterung: Weide.*

Größen-klasse μ	Es entfallen von	
	100 Fettkügelchen	100 mg Fett
0—1	18,0	0,1
1—2	29,9	4,1
2—3	24,6	15,7
3—4	16,6	28,9
4—5	8,0	29,9
5—6	2,4	16,0
6—7	0,5	5,3
7—8	—	—
	100,0	100,0

$Vd = 12,9\ \mu^3$

Tabelle 40. *Kuh 1521, untersucht am 31. VII. 1928. 25. Lactationswoche. Fütterung: Weide und 0,75 kg Kraftfuttermischung (ein Teil weiße Fahne, ein Teil Weizenkleie, ein Teil Melasse).*

Größen-klasse μ	Es entfallen von	
	100 Fettkügelchen	100 mg Fett
0—1	36,5	0,2
1—2	27,7	4,2
2—3	13,8	9,6
3—4	11,2	21,3
4—5	6,7	27,2
5—6	2,9	21,6
6—7	1,0	12,6
7—8	0,2	3,3
	100,0	100,0

$Vd = 11,8\ \mu^3$

Tabelle 39. *Kuh 1521, untersucht am 25. VII. 1928. 24. Lactationswoche. Fütterung: Weide und 0,5 kg Kraftfuttermischung (ein Teil weiße Fahne, ein Teil Weizenkleie, ein Teil Melasse).*

Größen-klasse μ	Es entfallen von	
	100 Fettkügelchen	100 mg Fett
0—1	30,9	0,2
1—2	28,0	4,1
2—3	18,4	12,4
3—4	11,0	20,2
4—5	7,8	30,7
5—6	3,0	21,3
6—7	0,9	11,1
7—8	—	—
	100,0	100,0

$Vd = 12,1\ \mu^3$

Tabelle 41. *Kuh 1521, untersucht am 25. IX. 1928. 33. Lactationswoche. Fütterung: 20 kg grüner Mais, 3 kg Spreu, 5 kg Sommerhalmstroh, 2 kg weiße Fahne, 2 kg Weizenkleie.*

Größen-klasse μ	Es entfallen von	
	100 Fettkügelchen	100 mg Fett
0—1	17,4	0,1
1—2	32,2	5,4
2—3	25,0	19,4
3—4	19,1	40,4
4—5	4,8	21,8
5—6	1,4	11,6
6—7	0,1	1,3
7—8	—	—
	100,0	100,0

$Vd = 10,5\ \mu^3$

Tabelle 42. *Kuh 1521, untersucht am 2. X. 1928. 34. Lactationswoche. Fütterung: 12 kg Kartoffeln, 3 kg Spreu, 5 kg Sommerhalmstroh, 2 kg weiße Fahne, 2 kg Weizenkleie.*

Größen-klasse μ	Es entfallen von	
	100 Fettkügelchen	100 mg Fett
0—1	22,6	0,2
1—2	42,9	12,6
2—3	23,7	32,1
3—4	8,4	31,2
4—5	1,7	13,8
5—6	0,7	10,1
6—7	—	—
7—8	—	—
	100,0	100,0

$Vd = 6{,}0\ \mu^3$

Tabelle 44. *Kuh 1521, untersucht am 16. X. 1928. 36. Lactationswoche. Fütterung: 50 kg Rübenblatt, 3 kg Spreu, 4 kg Sommerhalmstroh, 0,5 kg weiße Fahne, 0,25 kg Weizenkleie.*

Größen-klasse μ	Es entfallen von	
	100 Fettkügelchen	100 mg Fett
0—1	17,0	0,1
1—2	32,0	5,4
2—3	27,1	20,9
3—4	17,1	36,4
4—5	5,3	23,8
5—6	1,3	10,8
6—7	0,2	2,6
	100,0	100,0

$Vd = 10{,}6\ \mu^3$

Tabelle 43. *Kuh 1521, untersucht am 9. X. 1928. 35. Lactationswoche. Fütterung: 12 kg Kartoffeln, 3 kg Spreu, 5 kg Sommerhalmstroh, 2 kg weiße Fahne, 2 kg Weizenkleie.*

Größen-klasse μ	Es entfallen von	
	100 Fettkügelchen	100 mg Fett
0—1	26,2	0,2
1—2	33,4	7,3
2—3	24,9	25,0
3—4	10,1	27,8
4—5	4,3	26,2
5—6	0,9	9,6
6—7	0,2	3,9
7—8	—	—
	100,0	100,0

$Vd = 8{,}2\ \mu^3$

Tabelle 45. *Kuh 1521, untersucht am 23. X. 1928. 37. Lactationswoche. Fütterung: 50 kg Rübenblatt, 3 kg Spreu, 4 kg Sommerhalmstroh, 0,5 kg weiße Fahne, 0,25 kg Weizenkleie.*

Größen-klasse μ	Es entfallen von	
	100 Fettkügelchen	100 mg Fett
0—1	17,5	0,2
1—2	39,6	8,6
2—3	24,3	24,4
3—4	15,1	41,7
4—5	2,5	14,7
5—6	1,0	10,4
6—7	—	—
	100,0	100,0

$Vd = 8{,}1\ \mu^3$

Tabelle 46. *Kuh 1521, untersucht am 6. XI. 1928. 39. Lactationswoche. Fütterung: 50 kg Rübenblatt, 3 kg Spreu, 4 kg Sommerhalmstroh, 0,75 kg Kraftfuttermischung (zwei Teile weiße Fahne, ein Teil Gerstenschrot, ein Teil Weizenkleie).*

Größenklasse μ	Es entfallen von	
	100 Fettkügelchen	100 mg Fett
0—1	16,2	0,1
1—2	34,3	6,2
2—3	29,4	24,6
3—4	14,7	33,5
4—5	3,6	17,4
5—6	1,4	11,9
6—7	0,3	4,1
7—8	0,1	2,2
	100,0	100,0

$Vd = 9,85\ \mu^3$

Tabelle 48. *Kuh 1524, untersucht am 25. VII. 1928. 21. Lactationswoche. Fütterung: Weide und 0,5 kg Kraftfuttermischung (ein Teil weiße Fahne, ein Teil Weizenkleie, ein Teil Melasseschnitzel).*

Größenklasse μ	Es entfallen von	
	100 Fettkügelchen	100 mg Fett
0—1	34,6	0,2
1—2	26,6	3,9
2—3	17,1	11,6
3—4	11,1	20,7
4—5	6,8	26,8
5—6	2,6	18,8
6—7	0,9	10,3
7—8	—	—
8—9	0,3	7,7
	100,0	100,0

$Vd = 12,1\ \mu^3$

Tabelle 47. *Kuh 1524, gekalbt am 4. III. 1928. Untersucht am 26. VI. 1928. 17. Lactationswoche. Fütterung: Weide.*

Größenklasse μ	Es entfallen von	
	100 Fettkügelchen	100 mg Fett
0—1	30,2	0,1
1—2	27,7	3,6
2—3	19,5	11,6
3—4	10,4	16,9
4—5	7,9	27,0
5—6	2,8	17,9
6—7	0,9	9,8
7—8	0,5	8,7
8—9	—	—
9—10	0,1	4,4
	100,0	100,0

$Vd = 13,7\ \mu^3$

Tabelle 49. *Kuh 1524, untersucht am 31. VII. 1928. 22. Lactationswoche. Fütterung: Weide und 0,75 kg Kraftfuttermischung (ein Teil weiße Fahne, ein Teil Weizenkleie, ein Teil Melasseschnitzel).*

Größenklasse μ	Es entfallen von	
	100 Fettkügelchen	100 mg Fett
0—1	32,3	0,1
1—2	28,9	3,5
2—3	15,4	8,6
3—4	10,2	15,8
4—5	9,2	38,1
5—6	2,4	14,6
6—7	1,1	11,4
7—8	0,5	7,9
	100,0	100,0

$Vd = 13,4\ \mu^3$

Tabelle 50. *Kuh 1524, untersucht am 25. IX. 1928. 30. Lactationswoche. Fütterung: 20 kg grüner Mais, 3 kg Spreu, 5 kg Sommerhalmstroh, 2 kg weiße Fahne, 2 kg Weizenkleie.*

Größenklasse μ	Es entfallen von	
	100 Fettkügelchen	100 mg Fett
0—1	27,1	0,2
1—2	22,2	3,7
2—3	25,7	19,7
3—4	17,0	35,8
4—5	6,9	30,9
5—6	0,9	7,1
6—7	0,2	2,6
7—8	—	—
	100,0	100,0

$Vd = 10,7 \mu^3$

Tabelle 52. *Kuh 1524, untersucht am 9. X. 1928. 32. Lactationswoche. Fütterung: 12 kg Kartoffeln, 3 kg Spreu, 5 kg Sommerhalmstroh, 2 kg weiße Fahne, 2 kg Weizenkleie.*

Größenklasse μ	Es entfallen von	
	100 Fettkügelchen	100 mg Fett
0—1	18,6	0,1
1—2	30,7	5,0
2—3	26,1	19,6
3—4	17,4	35,9
4—5	5,1	22,4
5—6	2,1	17,0
6—7	—	—
	100,0	100,0

$Vd = 10,9 \mu^3$

Tabelle 51. *Kuh 1524, untersucht am 2. X. 1928. 31. Lactationswoche. Fütterung: 12 kg Kartoffeln, 3 kg Spreu, 5 kg Sommerhalmstroh, 2 kg weiße Fahne, 2 kg Weizenkleie.*

Größenklasse μ	Es entfallen von	
	100 Fettkügelchen	100 mg Fett
0—1	27,1	0,2
1—2	28,8	5,9
2—3	26,3	25,0
3—4	12,1	31,6
4—5	4,6	25,2
5—6	1,0	10,2
6—7	0,1	1,9
7—8	—	—
	100,0	100,0

$Vd = 8,55 \mu^3$

Tabelle 53. *Kuh 1524, untersucht am 16. X. 1928. 33. Lactationswoche. Fütterung: 50 kg Rübenblatt, 3 kg Spreu, 4 kg Sommerhalmstroh, 0,5 kg weiße Fahne, 0,25 kg Weizenkleie.*

Größenklasse μ	Es entfallen von	
	100 Fettkügelchen	100 mg Fett
0—1	14,1	0,1
1—2	28,0	3,2
2—3	25,0	12,9
3—4	19,7	27,8
4—5	8,7	25,9
5—6	3,5	19,6
6—7	0,9	8,3
7—8	0,1	2,2
	100,0	100,0

$Vd = 15,9 \mu^3$

Tabelle 54. *Kuh 1524, untersucht am 23. X. 1928. 34. Lactationswoche. Fütterung: 50 kg Rübenblatt, 3 kg Spreu, 4 kg Sommerhalmstroh, 0,5 kg weiße Fahne, 0,25 kg Weizenkleie.*

Größen-klasse μ	Es entfallen von	
	100 Fettkügelchen	100 mg Fett
0—1	14,4	0,1
1—2	39,8	8,6
2—3	29,4	29,1
3—4	12,9	35,0
4—5	2,4	14,1
5—6	0,9	9,2
6—7	0,2	3,9
	100,0	100,0

$Vd = 8,25 \mu^3$

Tabelle 56. *Kuh Shorthorn, gekalbt am 25. IV. 1928. Untersucht am 10. VII. 1928. 11. Lactationswoche. Fütterung: 50 kg Wickhafer, 3 kg Weizenstroh, 3 kg Nordkraft.*

Größen-klasse μ	Es entfallen von	
	100 Fettkügelchen	100 mg Fett
0—1	30,4	0,1
1—2	26,5	2,5
2—3	15,5	6,6
3—4	9,9	11,5
4—5	8,9	22,1
5—6	4,6	20,7
6—7	2,9	21,6
7—8	1,1	12,0
8—9	0,1	1,3
9—10	0,1	1,6
	100,0	100,0

$Vd = 19,2 \mu^3$

Tabelle 55. *Kuh 1524, untersucht am 6. XI. 1928. 36. Lactationswoche. Fütterung: 50 kg Rübenblatt, 3 kg Spreu, 4 kg Sommerhalmstroh, 0,75 kg Kraftfuttermischung (zwei Teile weiße Fahne, ein Teil Gerstenschrot, ein Teil Weizenkleie).*

Größen-klasse μ	Es entfallen von	
	100 Fettkügelchen	100 mg Fett
0—1	14,6	0,1
1—2	30,6	4,2
2—3	29,5	18,5
3—4	15,6	26,9
4—5	5,9	21,3
5—6	2,9	19,8
6—7	0,8	8,1
7—8	0,1	1,1
	100,0	100,0

$Vd = 13,1 \mu^3$

Tabelle 57. *Kuh Shorthorn, untersucht am 6. X. 1928. 24. Lactationswoche. Fütterung: 50 kg Rübenblatt, 3 kg Heu, 3 kg Stroh, 1,5 kg Kraftfuttermischung (vier Teile weiße Fahne, ein halber Teil Mais, ein halber Teil Gerste, ein Teil Kleie).*

Größen-klasse μ	Es entfallen von	
	100 Fettkügelchen	100 mg Fett
0—1	21,6	0,1
1—2	30,7	4,8
2—3	21,6	15,8
3—4	17,2	34,5
4—5	7,1	30,2
5—6	1,4	10,4
6—7	0,4	4,2
7—8	—	—
	100,0	100,0

$Vd = 11,2 \mu^3$

Tabelle 60. *Kuh Shorthorn, untersucht am 2. XI. 1928. 28. Lactationswoche. Fütterung: 40 kg Rübenblatt, 3 kg Heu, 3 kg Sommerhalmstroh, 2 kg Kraftfuttermischung (zwei Teile weiße Fahne, zwei Teile Gerste).*

Größenklasse μ	Es entfallen von	
	100 Fettkügelchen	100 mg Fett
0—1	15,4	0,1
1—2	31,0	4,4
2—3	28,4	18,6
3—4	15,9	28,5
4—5	6,2	23,5
5—6	2,4	16,9
6—7	0,6	6,4
7—8	0,1	1,6
	100,0	100,0

$Vd = 12{,}5\ \mu^3$

Tabelle 59. *Kuh Shorthorn, untersucht am 19. X. 1928. 26. Lactationswoche. Fütterung: 50 kg Rübenblatt, 3 kg Heu, 3 kg Stroh, 1,5 kg Kraftfuttermischung (vier Teile weiße Fahne, ein halber Teil Mais, ein halber Teil Gerste, ein Teil Kleie).*

Größenklasse μ	Es entfallen von	
	100 Fettkügelchen	100 mg Fett
0—1	12,4	0,1
1—2	32,7	4,4
2—3	29,0	18,1
3—4	15,8	26,9
4—5	6,5	23,6
5—6	3,2	20,9
6—7	0,2	2,9
7—8	0,2	3,1
	100,0	100,0

$Vd = 13{,}2\ \mu^3$

Tabelle 58. *Kuh Shorthorn, untersucht am 12. X. 1928. 25. Lactationswoche. Fütterung: 50 kg Rübenblatt, 3 kg Heu, 3 kg Stroh, 1,5 kg Kraftfuttermischung (vier Teile weiße Fahne, ein halber Teil Mais, ein halber Teil Gerste, ein Teil Kleie).*

Größenklasse μ	Es entfallen von	
	100 Fettkügelchen	100 mg Fett
0—1	15,8	0,1
1—2	29,5	3,7
2—3	25,5	14,4
3—4	16,5	25,6
4—5	8,5	28,2
5—6	3,4	20,2
6—7	0,8	7,8
7—8	—	—
	100,0	100,0

$Vd = 14{,}5\ \mu^3$

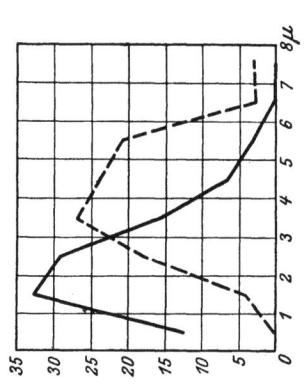

Abb. 8 (zu Tab. 59).

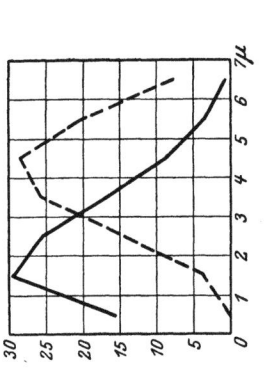

Abb. 7 (zu Tab. 58).

Dispersoid-chemische Methoden zur Untersuchung der Milch. II. 227

Tabelle 61. *Kuh 1538, gekalbt am 2. I. 1928. Untersucht am 5. X. 1928. 40. Lactationswoche. Fütterung: 50 kg Rübenblatt, 3 kg Heu, 3 kg Stroh, 1,5 kg Kraftfuttermischung (zwei Teile weiße Fahne, ein Teil Gerste, ein Teil Mais).*

Größen-klasse μ	Es entfallen von	
	100 Fettkügelchen	100 mg Fett
0—1	37,4	0,4
1—2	37,0	12,0
2—3	16,8	24,8
3—4	5,7	23,4
4—5	1,8	16,2
5—6	0,9	14,5
6—7	0,4	8,7
	100,0	100,0

$Vd = 5{,}55\ \mu^3$

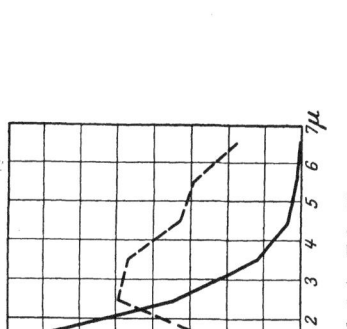

Abb. 9 (zu Tab. 61).

Tabelle 62. *Kuh 1538, untersucht am 12. X. 1928. 41. Lactationswoche. Fütterung: 50 kg Rübenblatt, 3 kg Heu, 3 kg Stroh, 1,5 kg Kraftfuttermischung (zwei Teile weiße Fahne, ein Teil Gerste, ein Teil Mais).*

Größen-klasse μ	Es entfallen von	
	100 Fettkügelchen	100 mg Fett
0—1	24,5	0,3
1—2	44,3	15,3
2—3	23,5	37,4
3—4	5,9	25,4
4—5	1,2	11,3
5—6	0,6	10,3
6—7	—	—
	100,0	100,0

$Vd = 5{,}0\ \mu^3$

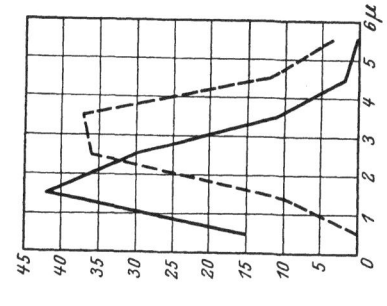

Abb. 10 (zu Tab. 62).

Tabelle 63. *Kuh 1538, untersucht am 19. X. 1928. 42. Lactationswoche. Fütterung: 50 kg Rübenblatt, 3 kg Heu, 3 kg Stroh, 1,5 kg Kraftfuttermischung (zwei Teile weiße Fahne, zwei Teile Gerste).*

Größen-klasse μ	Es entfallen von	
	100 Fettkügelchen	100 mg Fett
0—1	15,0	0,1
1—2	41,6	10,8
2—3	30,1	36,0
3—4	11,3	37,1
4—5	1,8	12,2
5—6	0,2	3,8
	100,0	100,0

$Vd = 6{,}85\ \mu^3$

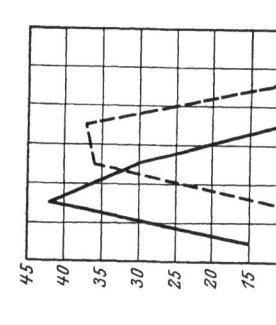

Abb. 11 (zu Tab. 63).

15*

Tabelle 64. *Kuh 1538, untersucht am 2. XI. 1928. 44. Lactationswoche. Fütterung: 40 kg Rübenblatt, 3 kg Heu, 3 kg Sommerhalmstroh, 2 kg Kraftfuttermischung (zwei Teile weiße Fahne, zwei Teile Gerste).*

Größen-klasse μ	Es entfallen von	
	100 Fettkügelchen	100 mg Fett
0—1	11,2	0,1
1—2	39,1	7,6
2—3	31,0	28,0
3—4	14,0	34,7
4—5	3,8	19,8
5—6	0,8	7,7
6—7	0,1	2,1
	100,0	100,0

$Vd = 9,1\ \mu^3$

Tabelle 65. *Kuh 1538, untersucht am 8. XI. 1928. 45. Lactationswoche, Fütterung: 40 kg Rübenblatt, 3 kg Heu. 3 kg Sommerhalmstroh, 2 kg Kraftfuttermischung (zwei Teile weiße Fahne, zwei Teile Gerste).*

Größen-klasse μ	Es entfallen von	
	100 Fettkügelchen	100 mg Fett
0—1	20,6	0,2
1—2	36,4	9,0
2—3	28,7	32,9
3—4	11,4	35,8
4—5	2,3	15,4
5—6	0,6	6,7
6—7	—	—
7—8	—	—
	100,0	100,0

$Vd = 7,15\ \mu^3$

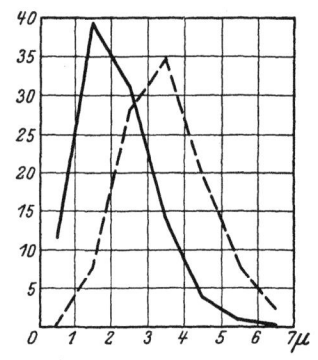

Abb. 12 (zu Tab. 64).

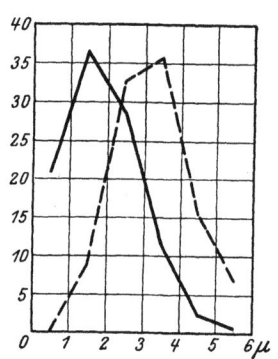

Abb. 13 (zu Tab. 65).

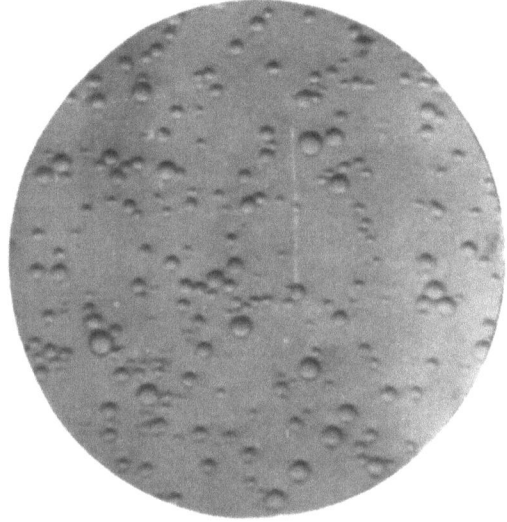

Abb. 14.

Abb. 15.

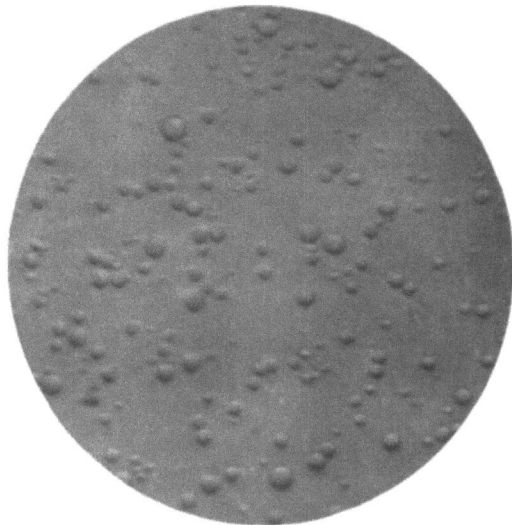

Abb. 16.

Abb. 14—16. Kuh 1538. 19. X. 1928. Beispiel für das Arbeiten der photographischen Methode. Bei Abb. 14 u. 15 wurden Aufnahmen von Präparat 1, bei Abb. 16 von Präparat 2 derselben Milchprobe gemacht. Zugleich zeigen die drei Aufnahmen den Typ einer altmelkenden, schwarzbunten Kuh mit kleinen Fettkügelchen (42. Lactationswoche). ($Vd\,1 = 6,9\,\mu^3$; $Vd\,2 = 6,8\,\mu^3$.)

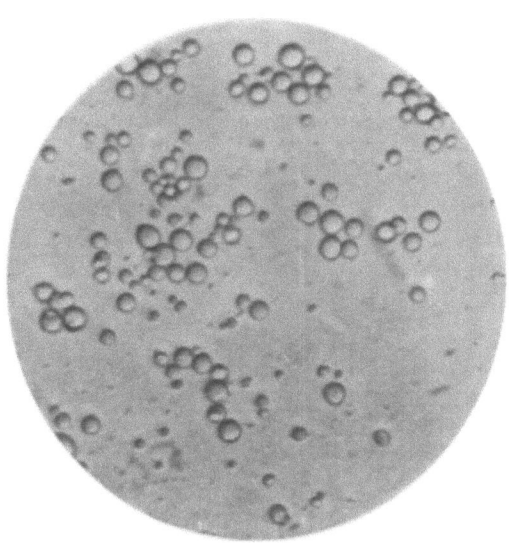

Abb. 17.

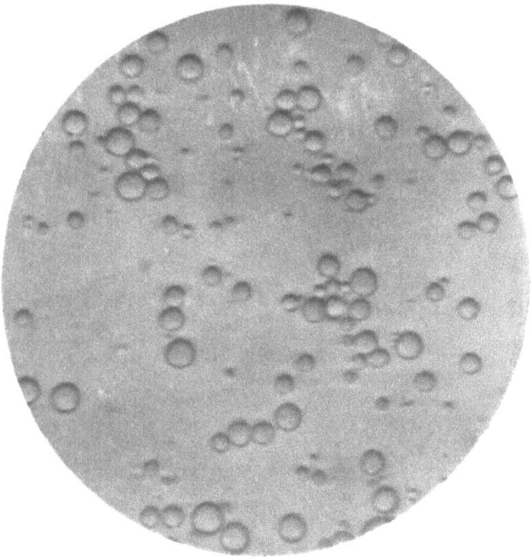

Dispersoid-chemische Methoden zur Untersuchung der Milch. II. 231

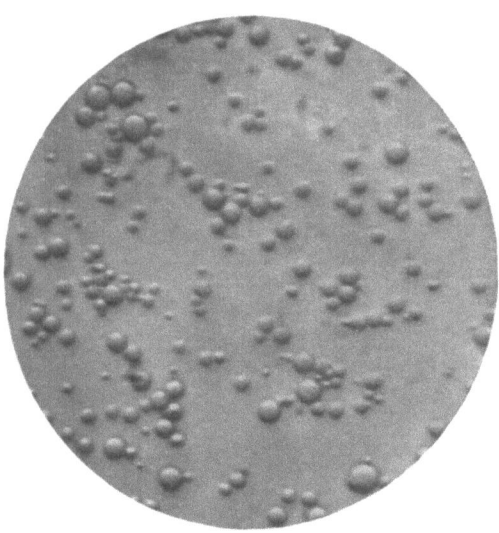

Abb. 18.

Abb. 19.

Abb. 17—19. Kuh 1524 (Jerseykreuzung) 25. IX. 1928, 16. X. 1928, 23. X. 1928. Zur Veranschaulichung des Einflusses des Fütterungswechsels auf die mittlere Fettkügelchengröße (25. X. grüner Mais $Vd = 10{,}7\ \mu^3$]) 16. X. Rübenblattfütterung nach vorheriger Kartoffelfütterung ($Vd = 15{,}9\ \mu^3$). 23. X. Rübenblattfütterung ($Vd = 8{,}55\ \mu^3$).

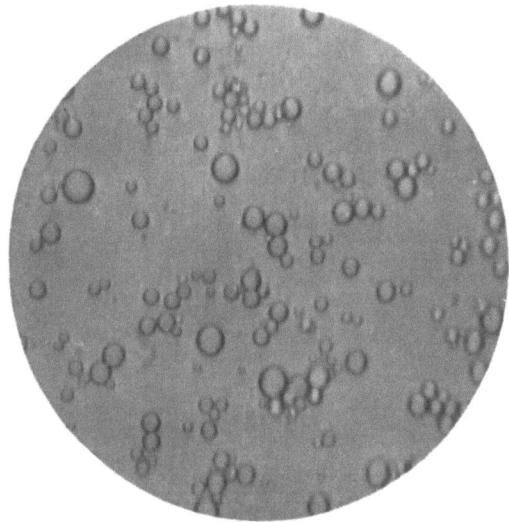

Abb. 20.

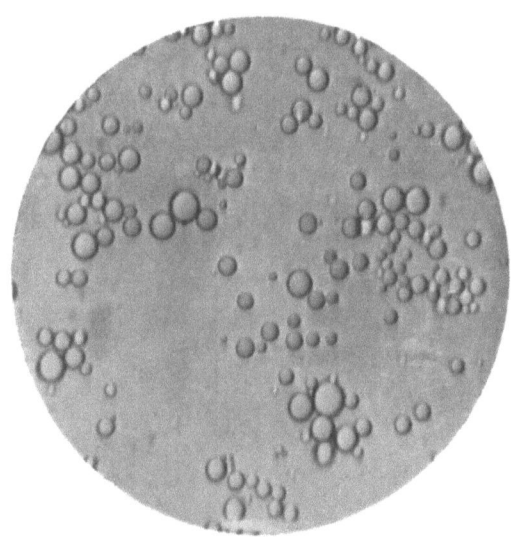

Abb. 21.

Abb. 20—21. Shorthornkuh. 2. XI. 1928 und 10. XI. 1928. 28. und 29. Lactationswoche. Beispiel der Milch einer in der Mitte der Lactationsperiode stehenden Kuh mit mittlerer Fettkügelchengröße.

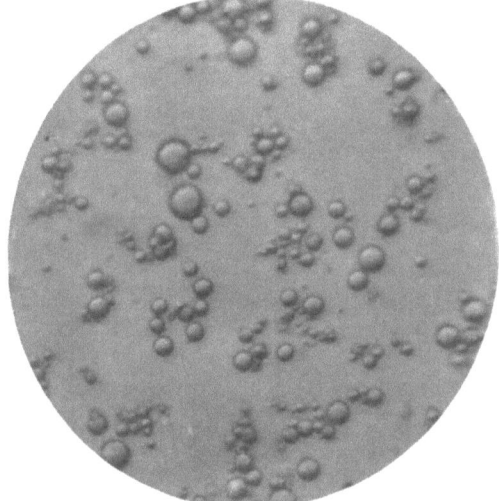

Abb. 22.

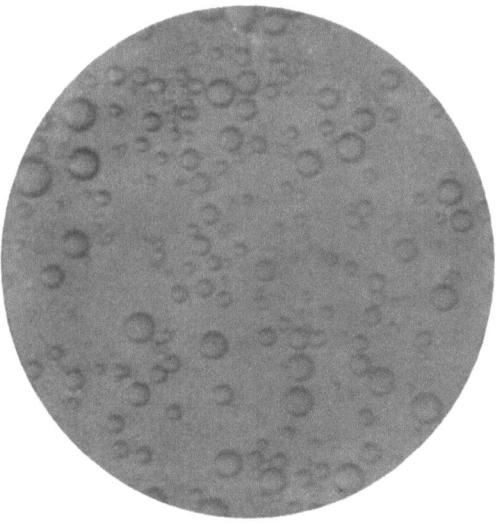

Abb. 23.

Abb. 24.

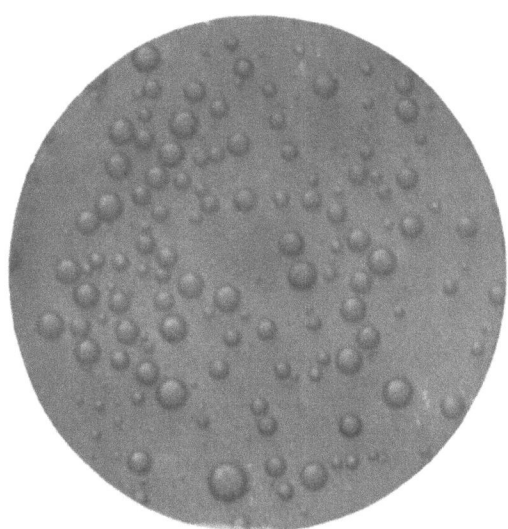

Abb. 25.

Abb. 22—25. Kuh 47013. Kolostrum 1.—4. Tag. Die Steigerung der Fettkügelchengröße bis zum 3. Tage ist deutlich zu erkennen.

Übersicht über die Rassezugehörigkeit und Kalbezeit der Kühe, von denen Milchproben zur Untersuchung verwendet wurden.

Kuh-Nr.	Rasse	Tag des Kalbens
1	Altmark	14. IX. 1928
51	Jerseykreuzung . .	31. III. 1928
64	Altmark	28. IV. 1928
1424	Jersey	11. VI. 1928 (verkalbt)
1510	Jerseykreuzung . .	31. VIII. 1928
1513	,, . .	8. IX. 1927
1515	,, . .	21. VIII. 1927 (3. VII. 1928 verkalbt)
1519	,, . .	16. II. 1928 (verkalbt)
1521	,, . .	7. II. 1928
1524	,, . .	4. III. 1928
1538	Schwarzbunt	2. I. 1928
1557	Jerseykreuzung . .	30. I. 1929
1574	,, . .	1. IV. 1929
3050	Altmark	28. IV. 1928
3925	Ostpreuße	4. X. 1928
44025	Ostfriese	21. VII. 1928
46761	Lüneburger	26. VII. 1928 (verkalbt)
47013	,, ...	4. XII. 1928
65429	Angler	27. IV. 1929
71712	Jeverländer	1. IV. 1928
72673	Schwarzbunt	28. IV. 1928
73806	Altmark	9. VI. 1928
73807	,, ...	15. I. 1929
73808	,, ...	23. X. 1928
78504	Angler	30. XI. 1928
110244	Allgäuer (graubraun)	31. IV. 1928 (verkalbt)
—	Shorthorn	25. IV. 1928

Es ist mir ein Bedürfnis, nach Beendigung meiner Arbeit dem Direktor des Institutes für Tierzucht und Molkereiwesen, Herrn Professor Dr. Fröhlich, meinen verbindlichsten Dank auszusprechen für die Bereitwilligkeit, mit welcher er mir das Material für die Untersuchungen zur Verfügung stellte, und für das gütige Interesse, welches er der Entwicklung der Arbeit entgegenbrachte.

Außerdem fühle ich mich dem Assistenten des Molkereilaboratoriums, Herrn Dr. Schneck, zu großem Dank verpflichtet, der die Anregung zur Arbeit gab und mich bei deren Durchführung mit seinem Rat unterstützte.

Lebenslauf.

Als ältester Sohn des 1924 verstorbenen praktischen Arztes Dr. med. Heinrich Kohlhardt wurde ich, Günther Oskar Heinrich Kohlhardt, am 25. Juli 1902 zu Halle a. S. geboren. Von Michaelis 1908 bis Weihnachten 1917 besuchte ich das Stadtgymnasium, bis Ostern 1919 aus gesundheitlichen Gründen das Waldpädagogium zu Bad Berka, bis Ostern 1921 die Privatschule von Dr. Busse zu Halle und bis Michaelis 1921 die Lateinische Hauptschule der Franckeschen Stiftungen. Daselbst bestand ich nach privater Vorbereitung Ostern 1922 als Nichtschüler die Reifeprüfung, um mich dann dem Studium der Landwirtschaft zu widmen. Von der praktischen landwirtschaftlichen Lehrzeit war ich $1^1/_2$ Jahre auf Rittergut Kaschewen (Schlesien) und $^1/_2$ Jahr bei Herrn Gutsbesitzer Golf, Beyersdorf, tätig. Gegen Ende dieser Zeit legte ich die Lehrlingsprüfung der Landwirtschaftskammer ab. Vom Wintersemester 1924/25 bis Sommersemester 1927 studierte ich an der Universität Halle. Hier bestand ich zu Ende des Wintersemesters 1925/26 die Vorprüfung und zu Beginn des Wintersemesters 1927/28 die Diplomprüfung. Vom Wintersemester 1927/28 bis Sommersemester 1929 war ich im Molkereilaboratorium des Institutes für Tierzucht und Molkereiwesen mit der Durchführung vorliegender Doktorarbeit beschäftigt.

If you have any concerns about our products,
you can contact us on
ProductSafety@springernature.com

In case Publisher is established outside the EU,
the EU authorized representative is:
**Springer Nature Customer Service Center GmbH
Europaplatz 3, 69115 Heidelberg, Germany**

Printed by Libri Plureos GmbH
in Hamburg, Germany